犊牛早期断奶技术

屠焰　刁其玉　主编

U0349992

中国农业科学技术出版社

图书在版编目（CIP）数据

犊牛早期断奶技术／屠焰，刁其玉主编.—北京：
中国农业科学技术出版社，2014.9

ISBN 978-7-5116-1738-5

Ⅰ.①犊… Ⅱ.①屠…②刁… Ⅲ.①小牛－断乳－
饲养管理 Ⅳ.①S823

中国版本图书馆 CIP 数据核字（2014）第 138264 号

责任编辑	张国锋
责任校对	贾晓红

出 版 者	中国农业科学技术出版社
	北京市中关村南大街 12 号　邮编：100081
电　　话	(010)82106636(编辑室)　(010)82109702(发行部)
	(010)82109709(读者服务部)
传　　真	(010)82106631
网　　址	http://www.castp.cn
经 销 者	各地新华书店
印 刷 者	北京富泰印刷有限责任公司
开　　本	850mm×1 168mm　1/32
印　　张	5.125
字　　数	145 千字
版　　次	2014 年 9 月第 1 版　2014 年 9 月第 1 次印刷
定　　价	20.00 元

《犊牛早期断奶技术》
编写人员名单

主　　编　屠　焰　刁其玉

参编人员　（按姓氏笔画排序）

　　　　　　刁其玉　王天坤　王　俊　王　艳

　　　　　　司丙文　齐志国　张卫兵　邱国梁

　　　　　　杨宇泽　郭江鹏　屠　焰　温富勇

前　　言

近年来，随着农业结构战略性调整步伐的加快，中国畜牧业结构调控力度明显加大，并且向高层次迈进。畜牧业成为优先发展的产业，其中奶业又是重中之重。在国家产业化政策的引导下，推动乳业逐步扩大规模，引进先进技术和设备，提高生产水平，奶牛养殖的整体水平得到提高。同时，随着城市居民收入水平的提高，城市化程度加快，城镇人口大量增加，特别是国家"学生饮用奶计划"的实施，促进人们饮食和营养观念的转变，加工企业又不断开发适销对路的新产品，带动了乳品消费相应增长和市场的不断扩大。预计此后若干年，我国奶业将呈现出稳步发展的势头。

面对人们对乳品需求的日益增长，扩大奶牛养殖规模的同时，应用早期断奶技术对犊牛进行早期断奶，不仅可以节约大量牛奶，也是提高牛群质量和生产水平的一项重要措施。在我国传统的养殖模式中以鲜牛奶饲喂犊牛，即使采用早吃料、少吃奶等措施，犊牛在 2 个月的哺乳期仍需消耗牛奶 350～450 千克，占一头奶牛产奶量的 5%～10%。从统计数据上看，我国的奶牛饲养量约达到 1200 万头，按 80% 的繁殖率计算，每年可以产生 960 万头犊牛，如果公、母犊牛各占 50%，每年约有 480 万头母犊牛需要培养为后备母牛，这就将消耗掉 168 万～216 万吨牛奶。如果应用早期断奶技术，在犊牛吃完初乳后即断牛奶，每头犊牛可节省 300 千克以上鲜牛奶，总计可以节省鲜牛奶 165 万吨，相当于多饲养年产奶 10 吨的奶牛 16.5 万头，直接缓解乳品需求和乳品生产之间的矛盾。另外，国内外大量试验表明，过多的哺乳量和过长的哺乳期，会对奶牛成年时的体型结构与终生的生产性能造成不利影响。因此，犊牛早期断奶技术是犊牛标准化、规模化生产的重要环节，是大幅度提高养殖效益和社会效益的基本措施。

本书是在 2006 年出版的《犊牛早期断奶新招》的基础上，更新、完善最新国内外犊牛养殖技术而重新编写而成的，系统介绍了犊牛培育各个阶段的饲养管理要点、各类型饲料使用特点、主要疾病防治技术，可供基层技术人员、养殖场（户）、畜牧兽医管理人员参考。

本文编写过程中，参考文献和技术资料有限，有不足之处请读者批评指正。

本书的写作过程得到北京市农业局科技项目"犊牛早期继奶关键技术集成与示范项目"的支持，示范推广工作由奶牛产业技术体系北京市创新团队综合试验站全力完成，在此表示感谢！

编　者

2014 年 5 月 30 日

目　　录

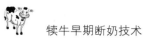

目　录

第一章　犊牛为什么要实施早期断奶

犊牛是牛群的未来。同时，犊牛是一群不产奶的牛，而且需要消耗饲料、劳力和兽医服务等费用，这些花费是一种不能马上得到收益的投资。产头胎之前，犊牛不能为奶牛场产生即时的效益，而且还要消耗资源。只有到小母牛产头胎时奶牛场才开始回收对它的投资。头胎产犊年龄的推迟会对养殖场造成一定的经济损失。

细心地照顾与饲养，关系着犊牛的健康与良好的生长。无论维持或逐渐扩张牛群规模，或逐渐改良牛群的性能，每一头奶牛的诞生都代表一个为将来带来利润的机会。犊牛由出生到断奶，健康顺利生长是犊牛培育的目标，为达到这个目标，必须了解犊牛的消化与免疫系统、营养需求，并给予饲料的选择。

由于犊牛期资源消耗较多，饲养犊牛费用升高（主要是饲料方面的开销），饲养人员可能忽视对不产奶状态犊牛的喂养，因而降低对它们的管理水平。有时为了缩减开支，有些奶牛场采取减少对犊牛的管理费用等措施。然而，这种减少短期费用的做法会造成长期经济效益的影响和损失。例如，饲喂不足、圈舍不足以及卫生条件差对牛群的盈利会有直接的副作用。因为未得到正常生长发育的犊牛可能会影响其未来的产奶潜力，生长缓慢的犊牛饲养期延长，头胎产仔时间推迟，结果生产费用增加；发育不良的犊牛产头胎时发生难产的几率增加。另外，由于犊牛生长期变化很大，管理制度跟不上的话就会导致犊牛得不到应有的照料。小母牛出生、断奶、配种以及产头胎期间都是非常关键的时期。因此，犊牛的整个生长过程都需要良好的饲养管理才能保证饲喂适当、生长发育充分和健康状况好。

管理措施不当会造成犊牛饲养费用增加。因而为保证小母牛的健康生长发育，应预先制定管理方针以便获得犊牛饲养经济效益和产奶潜力最大化。

第一节　犊牛的生理特点

一、犊牛的消化特点

犊牛出生后，营养物质由母体血液供给变为胃肠道消化供给，其生存环境由恒温过渡到变温、由无菌过渡到有菌，犊牛瘤胃菌群的建立、肌肉组织的发育及瘤胃内表皮细胞对营养物质的吸收活力，都需要不断发育和完善。

初生犊牛经历了巨大的生理和代谢转变，需要自身的调节能力维持动态平衡，度过这个关键时期。由碳水化合物、蛋白质和脂肪组成的具有高消化率的液体饲料，可以更好地满足犊牛的营养需要。

犊牛的饲养工作是优质奶牛培育的重要环节之一，实际生产中犊牛的科学饲养是容易被忽略的环节，因为这个环节不能带来直接的经济效益，但是这个环节对奶牛的一生都很重要。

细心的照顾与饲养，关系着犊牛的健康与良好的生长。不论是维持或逐渐扩大牛群规模，还是逐渐改良牛群的性能，为将来提供创造利润的机会。犊牛由出生到断奶，顺利生长、少生病是生产目标。了解犊牛的消化与免疫系统、营养需求，从而供给适当的日粮。

1. 初生犊牛离开母体，产生应激

刚出生的犊牛从胎儿在母体中通过血液吸收养分过渡到从母乳中吸收养分，开始适应在子宫外的环境，体内新陈代谢发生巨大的变化，但需要自身的调节能力维持动态平衡。犊牛的培育工作是养牛工作的重要环节之一，但犊牛的科学饲养又是容易被忽略的环节。犊牛的损失就意味着提高了母牛的养殖成本，缺少了调整牛群结构的后备奶牛。

2. 初生犊牛消化系统特点

刚出生的犊牛消化系统还没有发育完全，但是出生后几个月内犊牛消化系统会发生急剧的发育过程。刚出生时犊牛的消化系统功能和单胃动物相似，皱胃是犊牛唯一发育完全并具有功能的胃，所以，出生后几天内犊牛只能食用初乳和牛奶，此时犊牛无反刍功能，牛奶主要由皱胃产生的酸和酶消化，而瘤胃并未开始发育。在具有反刍功能之前，犊牛的食管沟将食道和瓣胃口直接相连，食管沟由两片肌肉组织构成，当这两片肌肉收缩时可形成类似食道一样的管道结构，从而使食道直接与皱胃相通。食管沟的存在使得液体饲料不流经瘤胃和网胃就直接流入皱胃中。食管沟对各种刺激的反应不同，许多因素（如牛奶的温度、犊牛吸吮和饮食牛奶及牛奶质量）可以影响食管沟的封闭状态。在封闭完全的情况下，食管沟可使牛奶完全避开瘤胃直接进入皱胃。不流经瘤胃的牛奶，完全避开瘤胃细菌的发酵，更能发挥其营养价值，这对刚出生几周的犊牛十分重要。随着犊牛生长发育并采食大量固体食物时，食管沟就逐渐失去功用。

初生犊牛瘤胃组织尚未发育，且缺少微生物群落，在瘤胃和网胃尚无功能的情况下，犊牛依靠皱胃与肠分泌消化液分解脂肪、碳水化合物及蛋白质。在胃蛋白酶和凝乳酶作用下，犊牛进食的牛奶和初乳在 10 分钟内结成凝块，凝乳块的形成与消化液缓慢作用，使犊牛首次食下初乳后，慢慢消化、有效率地吸收养分，防止未消化的养分到达大肠而引起下痢。当第二次给予初乳或母乳时，第二次采食的乳汁与第一次食下结成的凝乳块在胃内混合，使犊牛在初生后的最初 24 ~ 48 小时能获得稳定的营养供应。乳汁形成凝乳块后，会有部分乳清形成透出，乳清含水分、矿物质、乳糖以及其他蛋白质（包括免疫球蛋白和抗体），10 分钟之内，乳清直接进入小肠后消化吸收。免疫球蛋白从小肠被吸收进入血液循环。因犊牛初生时消化能力有限，反而使其能快速吸收其所需要的抗体。

初生犊牛对碳水化合物的消化能力很差，但对乳糖有极好的消化能力，对淀粉的消化能力因淀粉种类及加工方式的差异而不同，犊牛 3 周龄时，对淀粉的消化能力显著提高。3 周龄后，由于消化酶开始活跃，对植物性蛋白质消化能力也提高。

3. 初生犊牛消化系统健康发育

出生时犊牛的消化系统尚未完全发育完成，从出生到出生后约 2 周内皱胃具有消化作用，也只有牛奶或代乳品能供给营养。

随着犊牛成长，开始采食各种饲料，瘤胃胃室也发育变化。犊牛皱胃占胃容积的 60%，成年牛皱胃占 8%。犊牛出生时，瘤胃与网胃加起来占全部胃容积的 30%，瓣胃约占 10%；犊牛出生 4 周后，瘤胃和网胃共占 58%，瓣胃约占 12%，而皱胃约占 30%。到 12 周时，瘤胃和网胃共占全部胃容积的 65%，瓣胃仍占 10%，相反，皱胃只占 20%。瘤胃随牛只生长，其体积增大了，但功能与出生时一样。在瘤胃和网胃成长并开始发挥功能后，便成为消化系统中较重要的部分，犊牛逐渐开始有反刍功能，饲喂犊牛的目标之一就是尽早促进瘤胃的发育。奶牛的 4 个胃的发育见表 1 – 1。

表 1 – 1　牛胃容积的生长发育

生长时间	瘤胃和网胃（升）	瓣胃（升）	皱胃（升）
初生	1.2	0.2	3.5
21 日龄	3.0	—	4.5
3 月龄	10 ~ 15.0	0.5	6.0
6 月龄	36.0	2.0	10.0
12 月龄	68.0	8.5	12.0
成年	50 ~ 200	7.0 ~ 18.0	8.0 ~ 20.0

从上面也可以看出，初生犊牛的瘤胃尚未发育完善，还不能从开食料等固体饲料中获取足够的养分，这时候如果过早取消牛奶或液体饲料，使得经过皱胃消化吸收的养分不足，会直接影响犊牛的生长。因此，在犊牛瘤胃发育到一定程度之前，不能完全用固体饲

料（开食料、精料、粗料）替代液体饲料（牛奶、代乳品等）。

当犊牛开始采食固体饲料或颗粒饲料，尤其含有容易发酵的碳水化合物饲料时，瘤胃开始承担重要的角色。犊牛瘤胃具有反刍功能，消化系统逐渐发育成熟。显示了犊牛的特殊营养需求。

4. 犊牛瘤胃微生物区系的发展

牛和羊的瘤胃内栖息着复杂、多样、非致病的各种微生物，包括瘤胃原虫、瘤胃细菌和厌氧真菌，还有少数噬菌体。瘤胃微生物的种类较多，每毫升瘤胃内容物中有不同种类细菌十亿到百亿个、原虫数十万个，还有厌氧真菌和噬菌体。它们在瘤胃发酵过程中起着关键作用。但犊牛出生时消化道不存在厌氧细菌、厌氧真菌和原虫，而后随着与母牛及环境的不断接触，瘤胃及其他消化道部位逐渐建立微生物区系。细菌是最早出现在瘤胃中的微生物，动物出生24小时后其瘤胃壁即有兼性厌氧细菌等存在，出生2天后瘤胃内出现严格厌氧微生物。在成年前，瘤胃内细菌菌群发生很大变化，经过适应和选择，只有少数微生物能在消化道定植、存活和繁殖，并随犊牛的生长和发育，形成特定的微生物区系。瘤胃微生物间相互作用，维持瘤胃功能的稳定。保持瘤胃微生物区系的动态平衡是保证瘤胃健康的前提。饲养过程中需要尽量减少饲料种类的变化，或减缓变化的过程，让犊牛有一个适应、调整的时间。

中国农业科学院饲料研究所于2010—2012年针对犊牛和后备牛瘤胃微生物区系的发展进行了检测，证实了犊牛刚出生几天内瘤胃中的细菌比较少，菌种比较集中，优势条带比较明显，且未检测到白色瘤胃球菌、黄色瘤胃球菌和产琥珀丝状杆菌等纤维分解菌。随着日龄的增长，瘤胃细菌开始增多，瘤胃细菌区系逐渐形成自己的稳态。当3周龄和4周龄时分别开始添加开食料和粗饲料，日粮的更换又一次引起了瘤胃细菌区系的应激和波动，影响其稳定性。随着对日粮的适应，到6周龄以后各种纤维分解菌开始瘤胃中定植。在8周龄时，瘤胃细菌的种类和优势条带数均高于前期。8周龄以后，犊牛瘤胃已经形成了丰富的瘤胃微生物区系，其中包括纤维分解菌中的黄色葡萄球菌、白色葡萄球菌和溶纤维顶弧菌等，还包括淀粉分解菌普雷沃氏菌及半纤维素降解菌毛螺菌等，其他的还包括硬壁门菌、梭菌和一些瘤胃未培养细菌等。

白色瘤胃球菌数量从 12～16 周龄有上升的趋势，然后开始下降并在 20～28 周龄保持一个较低的水平，40 周龄以后保持稳定。黄色瘤胃球菌数量随着周龄的增加，在 12～24 周龄比较稳定，从 24 周龄开始下降，40 周龄以后保持稳定。产琥珀丝状杆菌数量在 12～40 周龄一定范围内波动，在 32 周龄稍有下降，其他周龄保持稳定。溶纤丁弧菌数量在 12～28 周龄也比较稳定并保持较高水平，只是在 32 和 36 周龄波动较大，40 周龄以后维持稳定的水平。总体上来说，在瘤胃细菌区系未达到稳定之前，纤维分解菌数量容易随着时间有一定的波动，一旦瘤胃细菌区系达到稳定水平，纤维分解菌的数量也保持一定的稳态。

二、犊牛的营养需要

能量、蛋白质、碳水化合物、脂肪、维生素、矿物质、水是生命体不可缺少的营养素，各个国家分别制定了本国的奶牛营养标准，根据营养需要量，我们可以科学地配制日粮，并根据饲养阶段进行更好的饲养管理。这里主要列出了在我国使用较多的中国奶牛营养需要量标准（表 1-2）和美国 NRC 的奶牛营养需要量标准（表 1-3 至表 1-6）。

1. 中国奶牛的营养需要

表 1-2　生长母牛的营养需要量

体重（千克）	日增重（克）	日粮干物质（千克）	奶牛能量单位	产奶净能（兆卡）	产奶净能（兆焦）	可消化粗蛋白质（克）	小肠可消化粗蛋白质（克）	钙（克）	磷（克）	胡萝卜素（毫克）	维生素 A（千国际单位）
	0	—	2.20	1.65	6.90	41	—	2	2	4.0	1.6
40	200	—	2.67	2.00	8.37	92	—	6	4	4.1	1.6
	300	—	2.93	2.20	9.21	117	—	8	5	4.2	1.7

（续表）

体重（千克）	日增重（克）	日粮干物质（千克）	奶牛能量单位	产奶净能（兆卡）	产奶净能（兆焦）	可消化粗蛋白质（克）	小肠可消化粗蛋白质（克）	钙（克）	磷（克）	胡萝卜素（毫克）	维生素A（千国际单位）
	400	—	3.23	2.42	10.13	141	—	11	6	4.3	1.7
	500	—	3.52	2.64	11.05	164	—	12	7	4.4	1.8
40	600	—	3.84	2.86	12.05	188	—	14	8	4.5	1.8
	700	—	4.19	3.14	13.14	210	—	16	10	4.6	1.8
	800	—	4.56	3.42	14.31	231	—	18	11	4.7	1.9
	0	—	2.56	1.92	8.04	49	—	3	3	5.0	2.0
	300	—	3.32	2.49	10.42	124	—	9	5	5.3	2.1
	400	—	3.60	2.70	11.30	148	—	11	6	5.4	2.2
50	500	—	3.92	2.94	12.31	172	—	13	8	5.5	2.2
	600	—	4.24	3.18	13.31	194	—	15	9	5.6	2.2
	700	—	4.60	3.45	14.44	216	—	17	10	5.7	2.3
	800	—	4.99	3.74	15.65	238	—	19	11	5.8	2.3
	0	—	2.89	2.17	9.08	56	—	4	3	6.0	2.4
	300	—	3.67	2.75	11.51	131	—	10	5	6.3	2.5
	400	—	3.96	2.97	12.43	154	—	12	6	6.4	2.6
60	500	—	4.28	3.21	13.44	178	—	14	8	6.5	2.6
	600	—	4.63	3.47	14.52	199	—	16	9	6.6	2.6
	700	—	4.99	3.74	15.65	221	—	18	10	6.7	2.7
	800	—	5.37	4.03	16.87	243	—	20	11	6.8	2.7
	0	1.22	3.21	2.41	10.09	63	—	4	4	7.0	2.8
	300	1.67	4.01	3.01	12.60	142	—	10	6	7.9	3.2
	400	1.85	4.32	3.24	13.56	168	—	12	7	8.1	3.2
70	500	2.03	4.64	3.48	14.56	193	—	14	8	8.3	3.3
	600	2.21	4.99	3.74	15.56	215	—	16	10	8.4	3.4
	700	2.39	5.36	4.02	16.82	239	—	18	11	8.5	3.4
	800	3.61	5.76	4.32	18.08	262	—	20	12	8.6	3.4

犊牛早期断奶技术

（续表）

体重（千克）	日增重（克）	日粮干物质（千克）	奶牛能量单位	产奶净能（兆卡）	产奶净能（兆焦）	可消化粗蛋白质（克）	小肠可消化粗蛋白质（克）	钙（克）	磷（克）	胡萝卜素（毫克）	维生素A（千国际单位）
80	0	1.35	3.51	2.63	11.01	70	—	5	4	8.0	3.2
	300	1.80	4.32	3.24	13.56	149	—	11	6	9.0	3.6
	400	1.98	4.64	3.48	14.57	174	—	13	7	9.1	3.6
	500	2.16	4.96	3.72	15.57	198	—	15	8	9.2	3.7
	600	2.34	5.32	3.99	16.70	222	—	17	10	9.3	3.7
	700	2.57	5.71	4.28	17.91	245	—	19	11	9.4	3.8
	800	2.79	6.12	4.59	19.21	268	—	21	12	9.5	3.8
90	0	1.45	3.80	2.85	11.93	76	—	6	5	9.0	3.6
	300	1.84	4.64	3.48	14.57	154	—	12	7	9.5	3.8
	400	2.12	4.96	3.72	15.57	179	—	14	8	9.7	3.9
	500	2.30	5.29	3.97	16.62	203	—	16	9	9.9	4.0
	600	2.48	5.65	4.24	17.75	226	—	18	11	10.1	4.0
	700	2.70	6.06	4.54	19.00	249	—	20	12	10.3	4.1
	800	2.93	6.48	4.86	20.34	272	—	22	13	10.5	4.2
100	0	1.62	4.08	3.06	12.81	82	—	6	5	10.0	4.0
	300	2.07	4.93	3.70	15.49	173	—	13	7	10.5	4.2
	400	2.25	5.27	3.95	16.53	202	—	14	8	10.7	4.3
	500	2.43	5.61	4.21	17.62	231	—	16	9	11.0	4.4
	600	2.66	5.99	4.49	18.79	258	—	18	11	11.2	4.4
	700	2.84	6.39	4.79	20.05	285	—	20	12	11.4	4.5
	800	3.11	6.81	5.11	21.39	311	—	22	13	11.6	4.6
125	0	1.89	4.73	3.55	14.86	97	82	8	6	12.5	5.0
	300	2.39	5.64	4.23	17.70	186	164	14	7	13.0	5.2
	400	2.57	5.96	4.47	18.71	215	190	16	8	13.2	5.3
	500	2.79	6.35	4.76	19.92	243	215	18	10	13.4	5.4
	600	3.02	6.75	5.06	21.18	268	239	20	11	13.6	5.4
	700	3.24	7.17	5.38	22.51	295	264	22	12	13.8	5.5
	800	3.51	7.63	5.72	23.94	322	288	24	13	14.0	5.6
	900	3.74	8.12	6.09	25.48	347	311	26	14	14.2	5.7
	1 000	4.05	8.67	6.50	27.20	370	332	28	16	14.4	5.8

（续表）

体重（千克）	日增重（克）	日粮干物质（千克）	奶牛能量单位	产奶净能（兆卡）	产奶净能（兆焦）	可消化粗蛋白质（克）	小肠可消化粗蛋白质（克）	钙（克）	磷（克）	胡萝卜素（毫克）	维生素A（千国际单位）
	0	2.21	5.35	4.01	16.78	111	94	9	8	15.0	6.0
	300	2.70	6.31	4.73	19.80	202	175	15	9	15.7	6.3
	400	2.88	6.67	5.00	20.92	226	200	17	10	16.0	6.4
150	500	3.11	7.05	5.29	22.14	254	225	19	11	16.3	6.5
	600	3.33	7.47	5.60	23.44	279	248	21	12	16.6	6.6
	700	3.60	7.92	5.94	24.86	305	272	23	13	17.0	6.8
	800	3.83	8.40	6.30	26.36	331	296	25	14	17.3	6.9
	900	4.10	8.92	6.69	28.00	356	319	27	16	17.6	7.0
	1 000	4.41	9.49	7.12	29.80	378	339	29	17	18.0	7.2
	0	2.48	5.93	4.45	18.62	125	106	11	9	17.5	7.0
	300	3.02	7.05	5.29	22.14	210	184	17	10	18.2	7.3
	400	3.20	7.48	5.61	23.48	238	210	19	11	18.5	7.4
175	500	3.42	7.95	5.96	24.94	266	235	22	12	18.8	7.5
	600	3.65	8.43	6.32	26.45	290	257	23	13	19.1	7.6
	700	3.92	8.96	6.72	28.12	316	281	25	14	19.4	7.8
	800	4.19	9.53	7.15	29.92	341	304	27	15	19.7	7.9
	900	4.50	10.15	7.61	31.85	365	326	29	16	20.0	8.0
	1 000	4.82	10.81	8.11	33.94	387	346	31	17	20.3	8.1
	0	2.70	6.48	4.86	20.34	160	133	12	10	20.0	8.0
	300	3.29	7.65	5.74	24.02	244	210	18	11	21.0	8.4
	400	3.51	8.11	6.08	25.44	271	235	20	12	21.5	8.6
200	500	3.74	8.59	6.44	26.95	297	259	22	13	22.0	8.8
	600	3.96	9.11	6.83	28.58	322	282	24	14	22.5	9.0
	700	4.23	9.67	7.25	30.34	347	305	26	15	23.0	9.2
	800	4.55	10.25	7.69	32.18	372	327	28	16	23.5	9.4
	900	4.86	10.91	8.18	34.23	396	349	30	17	24.0	9.6
	1 000	5.81	11.60	8.70	36.41	417	368	32	18	24.5	9.8

犊牛早期断奶技术

（续表）

体重（千克）	日增重（克）	日粮干物质（千克）	奶牛能量单位	产奶净能（兆卡）	产奶净能（兆焦）	可消化粗蛋白质（克）	小肠可消化粗蛋白质（克）	钙（克）	磷（克）	胡萝卜素（毫克）	维生素A（千国际单位）
	0	3.20	7.53	5.65	23.64	189	157	15	13	25.0	10.0
	300	3.83	8.83	6.62	27.70	270	231	21	14	26.5	10.6
	400	4.05	9.31	6.98	29.21	296	255	23	15	27.0	10.8
250	500	4.32	9.83	7.37	30.84	323	279	25	16	27.5	11.0
	600	4.59	10.40	7.80	32.64	345	300	27	17	28.0	11.2
	700	4.86	11.01	8.26	34.56	370	323	29	18	28.5	11.4
	800	5.18	11.65	8.74	36.57	394	345	31	19	29.0	11.6
	900	5.54	12.37	9.28	38.83	417	365	33	20	29.5	11.8
	1 000	5.90	13.13	9.83	41.13	437	385	35	21	30.0	12.0
	0	3.69	8.51	6.38	26.70	216	180	18	15	30.0	12.0
	300	4.37	10.08	7.56	31.64	295	253	24	16	31.5	12.6
	400	4.59	10.68	8.01	33.52	321	276	26	17	32.0	12.8
300	500	4.91	11.31	8.48	35.49	346	299	28	18	32.5	13.0
	600	5.18	11.99	8.99	37.62	368	320	30	19	33.0	13.2
	700	5.49	12.72	9.54	39.92	392	342	32	20	33.5	13.4
	800	5.85	13.51	10.13	42.39	415	362	34	21	34.0	13.6
	900	6.21	14.36	10.77	45.07	348	383	36	22	34.5	13.8
	1 000	6.62	15.29	11.47	48.00	458	402	38	23	35.0	14.0
	0	4.14	9.43	7.07	29.59	243	202	21	18	35.0	14.0
	300	4.86	11.11	8.33	34.86	321	273	27	19	36.8	14.7
	400	5.13	11.76	8.82	36.91	345	296	29	20	37.4	15.0
350	500	5.45	12.44	9.33	39.04	369	318	31	21	38.0	15.2
	600	5.76	13.17	9.88	41.34	392	338	33	22	38.6	15.4
	700	6.08	13.96	10.47	43.81	415	360	35	23	39.2	15.7
	800	6.39	14.83	11.12	46.53	442	381	37	24	39.8	15.9
	900	6.84	15.75	11.81	49.42	460	401	39	25	40.4	16.1
	1 000	7.29	16.75	12.56	52.56	480	419	41	26	41.0	16.4
	0	4.55	10.32	7.74	32.39	268	224	24	20	40.0	16.0

（续表）

体重（千克）	日增重（克）	日粮干物质（千克）	奶牛能量单位	产奶净能（兆卡）	产奶净能（兆焦）	可消化粗蛋白质（克）	小肠可消化粗蛋白质（克）	钙（克）	磷（克）	胡萝卜素（毫克）	维生素A（千国际单位）
	300	5.36	12.28	9.21	38.54	344	294	30	21	42.0	16.8
	400	5.63	13.03	9.77	40.88	368	316	32	22	43.0	17.2
	500	5.94	13.81	10.36	43.35	393	338	34	23	44.0	17.6
	600	6.30	14.65	10.99	45.99	415	359	36	24	45.0	18.0
400	700	6.66	15.57	11.68	48.87	438	380	38	25	46.0	18.4
	800	7.07	16.56	12.42	51.97	460	400	40	26	47.0	18.8
	900	7.47	17.64	13.24	55.40	482	420	42	27	48.0	19.2
	1 000	7.97	18.80	14.10	59.00	501	437	44	28	49.0	19.6
	0	5.00	11.16	8.37	35.03	293	244	27	23	45.0	18.0
	300	5.80	13.25	9.94	41.59	368	313	33	24	48.0	19.2
	400	6.10	14.04	10.53	44.06	393	335	35	25	49.0	19.6
	500	6.50	14.88	11.16	46.70	417	355	37	26	50.0	20.0
450	600	6.80	15.80	11.85	49.59	439	377	39	27	51.0	20.4
	700	7.20	16.79	12.58	52.64	461	398	41	28	52.0	20.8
	800	7.70	17.84	13.38	55.99	484	419	43	29	53.0	21.2
	900	8.10	18.99	14.24	59.59	505	439	45	30	54.0	21.6
	1 000	8.60	20.23	15.17	63.48	524	456	47	31	55.0	22.0

注：摘自《中国奶牛饲养标准》，2004。

2. 美国 NRC 标准

表1-3　不同品种犊牛的营养需要量

品种类型	日粮	体重（千克）	日增重（克/天）	干物质采食量（千克/天）	总可消化能量（千克）	总可消化能量（%）	粗蛋白质（克/天）	粗蛋白质（%）	钙（克/天）	磷（克/天）
大型品种	牛奶	40	200	0.48	0.62	129	105	22	7	4
	牛奶+开食料	50	500	1.3	1.46	112	290	22	9	6

犊牛早期断奶技术

（续表）

品种类型	日粮	体重（千克）	日增重（克/天）	干物质采食量（千克/天）	总可消化能量（千克）	总可消化能量（%）	粗蛋白质（克/天）	粗蛋白质（%）	钙（克/天）	磷（克/天）
小型品种	牛奶	25	200	0.38	0.49	129	84	22	6	4
	牛奶	30	300	0.51	0.66	129	112	22	7	4
	牛奶+开食料	50	500	1.43	1.60	112	315	22	10	6

注：引自NRC，1989。

表1-4 只饲喂乳或代乳品的犊牛每日能量和蛋白质需要量

体重（千克）	日增重（克）	干物质采食量（千克）	能量 维持净能（兆卡）	能量 增重净能（兆卡）	能量 代谢能（兆卡）	能量 消化能（兆卡）	蛋白质 表观可消化蛋白（克）	蛋白质 粗蛋白质（克）	维生素A（国际单位）
25	0	0.24	0.96	0	1.12	1.17	18	20	2 750
	200	0.32	0.96	0.26	1.50	1.56	65	70	2 750
	400	0.42	0.96	0.60	2.00	2.08	113	121	2 750
30	0	0.27	1.10	0	1.28	1.34	21	23	3 300
	200	0.36	1.10	0.28	1.69	1.76	68	73	3 300
	400	0.47	1.10	0.65	2.22	2.31	115	124	3 300
40	0	0.34	1.37	0	1.59	1.66	26	28	4 400
	200	0.43	1.37	0.31	2.04	2.13	73	79	4 400
	400	0.55	1.37	0.72	2.63	2.74	120	129	4 400
	600	0.69	1.37	1.16	3.28	3.41	168	180	4 400
45	0	0.37	1.49	0	1.74	1.81	28	30	4 950
	200	0.46	1.49	0.32	2.21	2.30	76	81	4 950
	400	0.59	1.49	0.75	2.82	2.94	123	132	4 950
	600	0.74	1.49	1.21	3.50	3.64	170	183	4 950
50	0	0.40	1.62	0	1.88	1.96	31	33	5 500
	200	0.45	1.62	0.34	2.37	2.47	78	84	5 500
	400	0.63	1.62	0.77	3.00	3.13	125	135	5 500
	600	0.78	1.62	1.26	3.70	3.86	173	185	5 500

注：引自孟庆翔等译NRC，2001。

表1-5　饲喂乳加开食料或者代乳品加开食料的

犊牛每日能量和蛋白质需要量

体重（千克）	日增重（克）	干物质采食量（千克）	能量				蛋白质		维生素A（国际单位）
			维持净能（兆卡）	增重净能（兆卡）	代谢能（兆卡）	消化能（兆卡）	表观可消化蛋白（克）	粗蛋白质（克）	
30	0	0.32	1.10	0	1.34	1.43	23	26	3 300
	200	0.42	1.10	0.28	1.77	1.89	72	84	3 300
	400	0.56	1.10	0.65	2.33	2.49	122	141	3 300
35	0	0.36	1.24	0	1.50	1.61	25	29	3 850
	200	0.47	1.24	0.30	1.96	2.09	75	87	3 850
	400	0.61	1.24	0.68	2.55	2.73	125	145	3 850
40	0	0.4	1.37	0	1.66	1.78	25	33	4 400
	200	0.51	1.37	0.31	2.14	2.29	78	90	4 400
	400	0.66	1.37	0.72	2.76	2.95	128	148	4 400
	600	0.83	1.37	1.16	3.44	3.68	178	205	4 400
45	0	0.44	1.49	0	1.81	1.94	31	36	4 950
	200	0.56	1.49	0.32	2.31	2.47	80	93	4 950
	400	0.71	1.49	0.75	2.96	3.16	130	151	4 950
	600	0.88	1.49	1.21	3.67	3.93	180	209	4 950
50	0	0.47	1.62	0	1.96	2.10	33	38	5 500
	200	0.6	1.62	0.34	2.48	2.65	83	96	5 500
	400	0.76	1.62	0.77	3.15	3.37	133	154	5 500
	600	0.94	1.62	1.26	3.89	4.17	183	212	5 500
	800	1.13	1.62	1.78	4.69	5.02	233	270	5 500
60	0	0.54	1.85	0	2.25	2.41	38	44	6 600
	200	0.67	1.85	0.36	2.80	3.00	88	102	6 600
	400	0.84	1.85	0.83	3.51	3.76	138	159	6 600
	600	1.04	1.85	1.34	4.31	4.61	188	217	6 600
	800	1.24	1.85	1.90	5.16	5.52	238	275	6 600

注：引自孟庆翔等译 NRC，2001。

表1-6 只饲喂乳或代乳品的肉用犊牛每日能量和蛋白质需要量

体重（千克）	日增重（克）	干物质采食量（千克）	能量				蛋白质		维生素A（国际单位）
			维持净能（兆卡）	增重净能（兆卡）	代谢能（兆卡）	消化能（兆卡）	表观可消化蛋白（克）	粗蛋白质（克）	
40	0	0.34	1.37	0	1.59	1.66	26	28	4 400
	300	0.49	1.37	0.51	2.32	2.42	97	104	4 400
	600	0.69	1.37	1.16	3.28	3.41	168	180	4 400
50	0	0.40	1.62	0	1.88	1.96	31	33	5 500
	300	0.56	1.62	0.55	2.67	2.79	102	109	5 500
	600	0.78	1.62	1.26	3.71	3.86	172	185	5 500
	900	1.02	1.62	2.05	4.85	5.05	244	262	5 500
60	0	0.45	1.85	0	2.16	2.25	35	38	6 600
	300	0.63	1.85	0.58	3.00	3.13	106	114	6 600
	600	0.86	1.85	1.34	4.10	4.27	177	190	6 600
	900	1.12	1.85	2.18	5.32	5.54	248	267	6 600
70	0	0.51	2.08	0	2.42	2.52	39	42	7 700
	300	0.70	2.08	0.62	3.32	3.45	110	119	7 700
	600	0.94	2.08	1.42	4.48	4.66	181	195	7 700
	900	1.21	2.08	2.31	5.76	6.01	253	272	7 700
	1 200	1.50	2.08	3.26	7.14	7.44	324	348	7 700
80	0	0.56	2.30	0	2.68	2.79	44	47	8 800
	300	0.76	2.30	0.65	3.61	3.76	115	123	8 800
	600	1.02	2.30	1.49	4.83	5.03	186	200	8 800
	900	1.30	2.30	2.42	6.18	6.44	257	276	8 800
	1 200	1.61	2.30	3.42	7.63	7.95	328	353	8 800
90	0	0.62	2.51	0	2.92	3.04	48	51	9 900
	300	0.82	2.51	0.68	3.90	4.06	119	128	9 900
	600	1.09	2.51	1.55	5.17	5.39	190	204	9 900
	900	1.38	2.51	2.55	6.62	6.85	263	283	9 900
	1 200	1.70	2.51	3.56	8.09	8.42	332	357	9 900

（续表）

体重（千克）	日增重（克）	干物质采食量（千克）	能量				蛋白质		维生素A（国际单位）
			维持净能（兆卡）	增重净能（兆卡）	代谢能（兆卡）	消化能（兆卡）	表观可消化蛋白（克）	粗蛋白质（克）	
100	0	0.67	2.72	0	3.16	3.29	52	55	11 000
	300	0.88	2.72	0.70	4.18	4.35	122	132	11 000
	600	1.16	2.72	1.61	5.50	5.72	194	208	11 000
	900	1.46	2.72	2.62	6.96	7.25	265	285	11 000
	1 200	1.80	2.72	3.70	8.52	8.88	336	362	11 000
	1 500	2.14	2.72	4.84	10.17	10.59	408	438	11 000
110	0	0.72	2.92	0	3.40	3.54	55	60	12 100
	300	0.94	2.92	0.72	4.45	4.63	126	136	12 100
	600	1.22	2.92	1.66	5.81	6.05	198	212	12 100
	900	1.54	2.92	2.71	7.32	7.63	269	289	12 100
	1 200	1.88	2.92	3.83	8.94	9.32	340	366	12 100
	1 500	2.24	2.92	5.00	10.65	11.09	412	443	12 100
120	0	0.76	3.12	0	3.63	3.78	59	64	13 200
	300	0.99	3.12	0.75	4.71	4.91	130	140	13 200
	600	1.29	3.12	1.72	6.12	6.39	201	217	13 200
	900	1.62	3.12	2.80	7.68	8.00	273	293	13 200
	1 200	1.97	3.12	3.69	9.34	9.47	329	353	13 200
	1 500	2.34	3.12	5.16	11.10	11.56	416	447	13 200
130	0	0.81	3.31	0	3.85	4.01	63	67	14 300
	300	1.05	3.31	0.77	4.97	5.17	134	144	14 300
	600	1.35	3.31	1.77	6.41	6.68	205	220	14 300
	900	1.69	3.31	2.88	8.02	8.35	276	297	14 300
	1 200	2.05	3.31	4.06	9.74	10.14	348	374	14 300
	1 500	2.43	3.31	5.31	11.54	12.02	420	451	14 300

（续表）

| 体重（千克） | 日增重（克） | 干物质采食量（千克） | 能量 | | | | 蛋白质 | | 维生素A（国际单位） |
			维持净能（兆卡）	增重净能（兆卡）	代谢能（兆卡）	消化能（兆卡）	表观可消化蛋白（克）	粗蛋白质（克）	
140	0	0.86	3.50	0	4.07	4.24	66	71	15 400
	300	1.10	3.50	0.79	5.22	5.43	137	148	15 400
	600	1.41	3.50	1.82	6.70	6.98	209	224	15 400
	900	1.76	3.50	2.95	8.35	8.70	280	301	15 400
	1 200	2.13	3.50	4.17	10.11	10.53	352	378	15 400
	1 500	2.52	3.50	5.45	11.97	12.45	423	455	15 400
150	0	0.90	3.69	0	4.29	4.46	70	75	16 500
	300	1.15	3.69	0.81	5.46	5.69	141	152	16 500
	600	1.47	3.69	1.86	6.98	7.27	212	228	16 500
	900	1.82	3.69	3.02	8.67	9.03	284	305	16 500
	1 200	2.21	3.69	4.27	10.48	10.91	355	382	16 500
	1 500	2.61	3.69	5.58	12.38	12.90	427	459	16 500

注：引自孟庆翔等译 NRC，2001

第二节　犊牛早期培育的目标

　　犊牛培育达到什么样的目标才能说养殖场的饲养管理技术过关呢？美国犊牛和小母牛协会（www. calfandheifer. org）公布了一套《犊牛和小母牛培育黄金标准》，将荷斯坦奶牛犊牛从出生到 6 月龄、小母牛从 6 月龄到初产的生产和生长性能分为六大类，在网站上公开。本书在此将其翻译出来，供读者参考。

一、黄金标准一

荷斯坦犊牛从出生到 6 月龄的生长性能标准。

1. 死亡率

① 鉴于一些小牛出生时心跳和呼吸问题，出生后不久即死亡，因此，将出生后 24 小时作为一个时间点，区别出生后即死亡犊牛和计算在死亡率中的犊牛。

② 所有新生的犊牛应该立即转移到安全的场所，避免受到成年牛的伤害，或者传染疾病。

③ 每一个新生小牛都应该接受治疗，防止脐带感染。

④ 死亡率应控制在：出生后 24 小时到 60 日龄，低于 5%；61 到 120 日龄，低于 2%；121 ~ 180 日龄，低于 1%。

2. 发病率

① 确认腹泻发病需要至少观察 24 小时，其发病率应控制在：出生后 24 小时到 60 日龄，低于 25%；61 ~ 120 日龄，低于 2%；121 ~ 180 日龄，低于 1%。

② 肺炎需要在使用抗生素药物之后方可确认，其发病率应控制在：出生后 24 小时到 60 日龄，低于 10%；61 ~ 120 日龄，低于 15%；121 ~ 180 日龄，低于 2%。

3. 生长速度

荷斯坦犊牛的目标生长速度应达到：出生后 24 小时到 60 日龄，体重达到出生重的 2 倍；61 ~ 120 日龄，日增重 1 千克；121 ~ 180 日龄，日增重 0.9 千克。

4. 初乳的管理

① 第一次饲喂：犊牛出生后 2 小时内初乳的饲喂量应达到体重的 10%。例如，一头 40 千克体重的犊牛，应该饲喂 4 升的初乳。

② 初乳的质量：初乳中不应该有血液、杂质，不要使用患乳房炎奶牛的初乳，并确保无疾病传染。使用初乳测试仪测定初乳的

质量，或者测定其中的 IgG 含量。同时，细菌总数应小于 100 000 CFU/毫升。对于 2~7 日龄的犊牛，目标免疫水平需要达到：母体初乳饲喂的犊牛，血清总蛋白含量大于 5.2 克/100 毫升，或血清 IgG 水平大于 10.0 克/升。

5. 营养

① 建立起自己牛场的营养程序，保证犊牛死亡率和发病率控制在上面标注的范围内，监控生长性能。经常与兽医和营养学家沟通。

② 从 3 日龄开始需要给犊牛提供清洁的水和开食料，并且保证每天更新，不要让犊牛吃剩料喝剩水。

6. 圈舍

① 出生后 24 小时到 60 日龄的犊牛，圈舍应该注意几个要点，即清洁，干燥，有充足的垫料，空气良好，圈舍大小足够犊牛转身。

② 61~120 日龄的犊牛，圈舍应该注意几个要点，即清洁，干燥，充足的垫料，空气良好，每头牛至少有 3 平方米的休息场地，食槽足够所有犊牛同时采食。

③ 121~180 日龄的犊牛，圈舍应该注意几个要点，即清洁，干燥，充足的垫料，空气良好，每头牛至少有 3.7 平方米的休息场地，或者采用单栏饲养（每个栏一头牛），食槽足够所有犊牛同时采食。

二、黄金标准二

荷斯坦小母牛从 6 月龄到初产的生长性能标准。

1. 死亡率

保障小母牛健康，降低发病率、死亡率。总体死亡率（特别是肺炎）应控制在：6~12 月龄，小于 1%；12 月龄至初产，小于 0.5%。

2. 发病率

① 肺炎需要在使用抗生素药物之后方可确认，其发病率应控制在：6~12 月龄，低于 3%；12 月龄到初产，低于 1%。

② 出现其他需要治疗的疾病，如结膜炎、乳腺炎、腹泻、胀气、病毒性腹泻、创伤性胃炎和意外伤害等，发病率应控制在：6~12 月龄，低于 4%；12 月龄到初产，低于 2%。

3. 生长速度和营养

① 小母牛的目标平均日增重应控制在 0.7~0.9 千克/天，要经常测定体重，至少应每 3 个月测定一次。

② 日粮总蛋白质比例需要达到：6~9 月龄，15%~16%；9~13 月龄，14%~15%；13 月龄到初产，13.5%~14%。

③ 联系营养学家协助调整饲料配方，经常性监控日粮配制。

④ 将各阶段小母牛的日粮组成告知兽医，让他随时了解牛场的情况。

⑤ 13~15 月龄，努力实现：体重达到 370~410 千克，腰角高高于 1.27 米，体高（鬐甲处）高于 1.2 米，或达到本品种成年牛体重的 55%。

⑥ 产犊前体重达到 610 千克，或达到本品种成年牛体重的 85%。

⑦ 初产时体况评分达到 3.5（5 分制评分方法）。

4. 圈舍

① 饲养空间。

饲养空间的标准：6~12 月龄，每头牛 0.45 米以上；12~18 月龄，每头牛 0.5 米以上；18 月龄到初产，每头牛 0.6 米以上；初产至产后 3 周，每头牛 0.75 米以上。休息场地和栏位大小请见表 1-7。

饲养密度和栏位分配：无论是自由散养还是开放的舍饲，应有充足的食槽，保证所有犊牛能够同时采食。使用颈夹时也要保证动物和栏位的比例达到 1:1，或者提供足够的料槽空间，例如，3 周龄到初产小母牛，每头牛需要 60 厘米以上的空间。

特别要注意的是，需要把小母牛与成年牛隔离开，单独饲养。

表1-7　小母牛圈舍面积

生长时间	休息场地（平方米）	栏位大小（平方米）
6~9月龄	≥4.2，或每头一个栏位	≥0.76×1.4
9~12月龄		≥0.86×1.5
12~18月龄	≥4.6，或每头一个栏位	≥0.90×1.75
18月龄至初产前2~4周	≥5.6，或每头一个栏位	≥1.0×2.1
初产	≥9.3，或每头一个栏位	≥1.1×2.4

② 圈舍环境。

温湿度条件：小母牛饲养中要注意避免阳光直射，圈舍适度指数（THI），6~12月龄小母牛要达到或超过77，12月龄至初产时需要达到或超过72。具体请见图1-1。

相对湿度

℃	0	5	10	15	20	25	30	35	40	45	50	55	60	65	70	75	80	85	90	95	100
24													72	72	73	73	74	74	75	75	
27						72	72	73	73	74	74	75	76	76	77	78	78	79	79	80	
29			72	72	73	74	75	75	76	77	78	78	79	80	81	81	82	83	84	84	85
32	72	73	74	75	76	77	78	79	79	80	81	82	83	84	85	85	86	87	88	89	90
35	75	76	77	78	79	80	81	82	83	84	85	86	87	88	89	90	91	92	93	94	95
38	77	78	80	82	83	84	85	86	87	88	90	91	92	93	94	95	97	86	88		
41	79	80	82	83	84	86	87	88	89	91	92	93	95	96	97						
43	81	83	84	86	87	89	90	91	93	94	96	97		轻度应激							
46	84	85	87	88	90	91	93	95	96	97				中度应激							
49	88	88	89	91	83	94	96	98						严重应激							

THI=(干球温度℃-湿球温度℃)+(0.36露点温度℃)+41.2

图1-1　奶牛湿度指数（THI）（摘自犊牛和小母牛协会黄金标准）

图中，浅灰色区域为轻度应激，深灰色区域为中度应激，黑色区域为严重应激。

抵抗风雨：在-6℃以下温度时，要特别关注为小母牛提供遮蔽场所以抵抗风雨，其中对6~12月龄小母牛，需要加盖顶棚，而对12月龄至初产的小母牛则需要防风墙。

为小母牛提供的圈舍，要保持清洁、干燥、防风、防晒，并且空气清新。

5. 接种疫苗和控制寄生虫

① 与兽医紧密联系，按照当地疾病发生情况确定适宜的接种疫苗程序和操作方法。

② 可注射疫苗预防的疾病包括黑腿病、牛呼吸合胞体病毒病（BRSV）、布氏杆菌病、牛病毒性腹泻病（BVD，1 型和 2 型）、梭菌病、冠状病毒病、急性大肠杆菌乳房炎、沙门氏菌引起的肠道疾病、牛传染性鼻气管炎（IBR）、细螺旋体病、乳头状瘤（疣）、传染性急性结膜炎、多杀性巴氏杆菌和溶血性曼氏杆菌引起的肺炎、轮状病毒、滴虫病、弧菌性流产等。

③ 依据兽医的建议防治本地区、本品种可能发生的内部或外部的寄生虫疾病。

6. 配种

① 从 13～15 月龄开始配种，体重 374～408 千克，腰角高超过 1.27 米，体高（肩部）超过 1.22 米，或者达到本品种牛成年体重的 55%，这样可以使小母牛在 22～24 月龄初产。

② 在配种前至少 30 天，给所有动物再次接种减毒活疫苗。

③ 使用普通精液，力争使第一次受胎率大于 70%；使用性控精液则应该在 58%～63%。

④ 在转移到繁育舍的最初 21 天内，应该至少给 80% 小母牛人工授精。

⑤ 在 3 个热循环周期后应该有 85% 的小母牛怀孕。

⑥ 从繁育舍转出时，要给所有的小母牛进行妊娠检查，确保妊娠。

7. 妊娠小母牛

① 有些小母牛在妊娠检查后可能会流产，这个比例正常情况下接近 3%。

② 如果需要的话，每隔 6 个月对公牛进行常规的健康维护，包括接种、除螨虫、指标考核；必要时轮换、替换公牛。

③ 在初次妊娠检查后的 70～100 天再次确认是否妊娠。

④ 在将小母牛转到初产舍之前再次确认是否妊娠。

⑤ 产犊前 4~8 周再次接种疫苗，提高初乳抗体质量。

三、黄金标准三

这一部分是针对从出生到初产的小母牛的动物福利标准。

1. 兽医的工作

与固定的兽医保持不间断的联系，保证奶牛的安全和福利。兽医需要至少每月到场，检查牛体健康，并提供建议、制订目标，协助场主改进饲养管理的各个环节，提高动物福利。

2. 初乳管理

犊牛出生时自身没有抵抗疾病的免疫力，优质的初乳管理就非常重要。初乳的饲喂直接影响着犊牛一生的健康、福利和生产性能。

① 初乳的质量。在干奶牛饲养程序中应该有一个由兽医完成的接种计划。给干奶牛提供一个适当的营养平衡是非常重要的，包括能量、蛋白质、维生素和矿物质等。另外需要注意给待产牛提供充足的休息场所、足够的食槽和水槽，这些对牛体的健康是必需的。

② 初乳的收集。初乳收集过程要保证清洁，卫生的初乳要求要无病原菌、细菌含量低。

③ 初乳的处理和饲喂。要提供具有高抗体浓度的清洁初乳。而新生犊牛的饲喂程序应建立在抗体生物学吸收率基础上（在出生的 2 小时内饲喂清洁、高质量的初乳，饲喂量最少达到体重的 10%）。在无法提供清洁、优质初乳时，可用商业初乳代乳品替代母牛初乳，举个例子说，牛场如果之前给犊牛饲喂 4 升初乳，则使用初乳代乳品需要饲喂到 200 克 IgG 的量。也可以使用食管导管饲喂器来确保犊牛接受到足够量的初乳，但是必须由经过训练的人员操作。还要注意的是，初乳收集、饲喂的器具在使用完后要立即清洗干净。

④ 初乳的收集、处理和饲喂，是否能保证犊牛获得足够的免疫力，可以用黄金标准一中的犊牛死亡率、发病率和生长速度来评价。

3. 圈舍

棚舍对奶牛是个非常重要的福利设施。相对于大母牛来说，270 千克体重以下的小母牛需要更多的保护，帮助它们抵抗天气变化。

① 所有月龄的犊牛和后备母牛。

要求圈舍干净、干燥，无粪便，有良好的垫料，15～25 厘米厚、干燥，在寒冷的天气可使用长稻草或麦秸。

② 出生 24 小时到 2 月龄的犊牛。

无论饲养在室内或室外，都要保证良好的空气质量，如果是室内饲养，每 2.8 立方米空间下每分钟的通风换气，在热天要达到 3.4 立方米/分钟，冷天要达到 0.42 立方米/分钟，一般温度下达到 1.42 立方米/分钟。

每头犊牛要有 2.2 平方米的休息空间，保证可以自由转身。而建筑材料要符合卫生、安全的要求，不易滋生病原菌和传染疾病，例如，可以使用无孔的塑料作为圈舍材料。保持牛体清洁，经常消毒，常乳和代乳品饲喂设备也要保持清洁并每日消毒。

群饲条件下，需要经常观察犊牛，保证每头牛都能吃到足够的饲料。在寒冷的天气需要给犊牛增设厚垫料，并提供额外的能量来保持体温。

③ 2～6 月龄犊牛。

要求圈舍保持良好的空气质量，如果是室内饲养，每 2.8 立方米空间下每分钟的通风换气，在热天要达到 3.68 立方米/分钟，冷天要达到 0.57 立方米/分钟，一般温度下达到 1.70 立方米/分钟。

注意地面要做防滑处理，保持清洁。

保证充足的饮水，每 10 头牛要确保 0.3 延米的水槽，或者每 20 头牛至少一个自动饮水器，每圈至少两个饮水器。

确保足够的饲槽面积，所有牛能够同时采食饲料。

提供足够大的休息场地。2~4月龄小母牛，每头需要至少3.2平方米；4~6月龄小母牛，则为3.7平方米。在散养下，需要确保每头牛至少一个栏位。

④ 6月龄到初产牛。

圈舍空气质量优良。

注意地面要做防滑处理。

保证充足的饮水，每10头牛要确保0.3延米的水槽，或者每20头牛至少一个自动饮水器，每圈至少两个饮水器。

确保足够的饲槽面积，所有牛能够同时采食饲料。

在湿度指数达到或超过以下数值时，一定要给小母牛提供遮阳棚，6~12月龄时，77；12月龄至初产，72。

当温度低于-6℃时，需要给小母牛提供庇护，躲避风雨袭击。0~6月龄的小母牛需要顶棚，而12月龄至初产牛需要防风墙。

保证足够的休息场地。6~12月龄，每头牛4.0平方米；12~18月龄，每头牛4.6平方米；18月龄至产前2~4周，每头牛5.6平方米；产前2~4周以后，每头9.3平方米。也可以用单栏饲养。

确保足够的畜栏空间。6~9月龄，每头牛0.8米×1.4米；9~12月龄，每头牛0.85米×1.5米；12~18月龄，每头牛0.9米×1.75米；18月龄至产前2~4周，每头牛1.0米×2.1米；产前2~4周以后，每头1.1米×2.4米。

圈舍内要清洁，并能够将小母牛分组饲养。隔离用的材料需要安全、防止疾病传播。关于小母牛圈舍设计可参看www. abe. psu. edu/extension/ip/DIPlevel2replacement. html。

4. 营养

在动物福利、生长和免疫系统发育中，营养物质起着重要作用。

① 断奶前犊牛和小母牛的营养管理需要与当地环境条件相结合。建议与营养技术服务人员保持联系。营养的好坏要看牛场是否能达到黄金标准一和二中对死亡率、发病率和生长性能的要求。

② 断奶前犊牛。

饲养程序：提供足量的、清洁的牛奶或代乳品，饲喂时要定时、定次数、定量，每天饲喂不少于 2 次，牛奶和代乳品饲喂时的温度要尽可能接近体温。需要检查一下，看看所提供的营养在当时气候条件下是否满足犊牛的生长。

饮水：1 周龄之内的犊牛就需要开始提供清洁、足量的饮水。要注意水不能结冰，也不要太烫。每天应至少检查 2 次，看看饮水供给是否正常，在炎热或者寒冷时更需要增加检查次数。

犊牛开食的谷物饲喂：从犊牛 1 周龄开始，即可不间断提供可口、优质的犊牛开食料。要注意保持饲槽中开食料新鲜，及时更换，不要出现污染或者霉变现象。

③ 断奶犊牛。

在确认犊牛瘤胃发育足够健全，可以从开食料中获取所需的营养时，才可以断奶或断代乳品。一般情况下，犊牛饲喂开食料至少3 周以上，并且采食量满足营养需要。

断奶时会产生断奶应激，需要注意尽量避免在此时去角、接种、换到大群饲养或者重新分组、改变饲养方式、改变环境等。

④ 断奶后犊牛。

小母牛需要足够的能量和蛋白质，每天至少要采食 0.77～0.9 千克饲料，才能满足它在特定环境下的维持和生长需要。

保证清洁、足量、不间断的饮水，水温适宜，不要结冰也不能太烫。

饲料要保持新鲜，不能提供污染或霉变的饲料。

饲料要不间断供给，使小母牛一直能处于吃饱状态。

5. 管理

人性化管理可提高小母牛对饲养员的安全感，减少应激。

对待所有的牛都要尽可能的温和，想办法保持牛群安静，减少噪声，在驱赶牛群时不要大喊大叫。

只有在确实需要的时候才能使用机器、设备，并且只能由受过训练的人员操纵。

绝对不要击打动物。

给饲养员们制订牛群管理要求，明确标出那些是可以做的，那些是不可以做的，并且要每季度检查是否合适。

建立起对虐待动物零容忍的制度，一旦发现员工有不当行为就立即解雇。

对生病或不爱动的牛要给予特别关注，立即将病牛转移到隔离区域或单独的栏位中，不断观察病牛情况。如果牛不能走动，就只能用推车或雪橇类的东西挪动牛。一定按照兽医的要求照顾病牛。

6. 运输

正确的运输可降低动物应激。

① 犊牛出生后要马上擦干，能够站立，至少 24 小时后方可运输。

② 清洗、消毒运输的车辆。

③ 安装合适的底板，保证小牛站立安全，同时可吸收尿、粪，可垫上锯末、刨花、干草或砂子。

④ 在运输前一周之内要避免接种疫苗、去角等程序，但是不排除鼻内疫苗，它可以提高干扰素水平，在船运过程中有助于预防呼吸疾病。

⑤ 尽量减少小牛在货车上的时间。

⑥ 在炎热的天气下，尽量安排晚上或一天中比较凉爽的时间装车。

⑦ 运输 4 月龄或更大的牛，如果时间超过 24 小时，要停靠在干净的地方，填喂饲料和饮水，至少停 5 小时。

⑧ 避免其他不需要的停靠。

⑨ 寒冷天气下，要将拖车上 1/2 到 2/3 的洞孔盖上，以减少冷风。但是不要全部都盖上，以保持空气流通。

⑩ 货车内多设隔断，使牛隔离成几个小组，减少运输过程中的碰撞和挤压。

⑪ 当装运 10 日龄以内的小牛时，拖车里至少每头小牛要有 0.5 平方米的空间，寒冷天气下还需要铺设厚厚的长稻草。

⑫ 确保所有牛在装车前、卸载时马上喝到清洁的饮水，吃到优质的饲料。

7. 接种

接种可以帮助动物抵抗疾病，减少生病时的痛苦。

① 按照兽医的要求，根据动物年龄、饲养环境、最佳管理措施更新接种和健康管理计划。

有效的接种计划可使动物获得足够的免疫力，体现在死亡率、发病率和生长速度上。

② 按照生产厂家标签上的要求，对疫苗妥善存储、处理，保证最佳效果。采用正确的储藏温度、避免阳光照射和微波辐射，远离消毒剂；按照标签要求进行预处理（混合、摇匀和补液）。

③ 确认免疫的适当时间、动物年龄以及标签上的其他措施，例如，针的大小和剂量，是否使用助推器接种等。

④ 每注射 5~10 针或者针头弯曲、污染、有血时就需要更换注射器。

⑤ 注意不要给正处在应激状态的牛接种。

⑥ 不要在环境温度超过 29.4℃ 时接种。

⑦ 夏季可在早晨等较凉爽的时间接种。

⑧ 尽量不要混合接种，即 2 种以上疫苗接种，特别是有革兰氏阴性菌苗的时候。

⑨ 将肾上腺素、消炎镇痛药、含铁载体受体和蛋白疫苗（SRP）等放在工具包里，随时准备在接种过程中治疗牛产生的不良反应。

⑩ 丢弃过期的疫苗和污染的疫苗瓶。

⑪ 按照当地的规定处理用过的针头、注射器和疫苗。

⑫ 记录所有接种程序。

8. 药物治疗

药物可以帮助治疗炎症，减少病痛。

① 使用药物治疗疾病、减缓疼痛，需要严格遵照兽医的要求进行。

② 依照相关规定、指南使用药物。建立兽医药物使用记录，对新饲养员进行疾病诊断、治疗过程等的培训，依照药物标签上的说明决定使用剂量、次数、方法、适用年龄段、禁忌和贮存条件；如果用药后 48 小时没有见效，需要请兽医检查；丢弃过期和被污染的药物。

9. 防治寄生虫

有效控制内源和外源寄生虫病，对后备牛的生长、疾病防治、健康福利都非常重要。

① 在兽医和专家帮助下，根据当地的地理位置、气候、季节建立起寄生虫防治计划。

② 制订一套具体、完整的寄生虫防治计划，该计划要包括如下内容。

化学控制方法：采用驱肠虫剂、杀虫剂、昆虫生长调节剂、抗球虫药。

采用生物学方法防治外寄生虫。

采用一些管理措施，打破寄生虫的生命周期，减少寄生虫繁殖区，例如，在饲料里添加昆虫生长调节剂；适时清理粪便和其他可供飞虫繁殖的材质；轮种，减少蠕虫的生长；注意采用生物安全措施，防治随进场牛群带入的新寄生虫。

③ 采集实验室样品，识别和量化寄生虫，进行驱肠虫剂和杀虫剂的敏感性测定。如果使用了寄生蜂，要注意杀虫剂的使用。

④ 无论是用在牛体的外表还是环境中的药，都要按照标签指示使用，特别是适用年龄、次数、计量、方法和停药期。

⑤ 药物的标签上如果没有注明可用于奶牛小母牛寄生虫防治，应禁止使用该药物。

⑥ 定期对新饲养员进行疾病诊断、治疗过程等的培训。

⑦ 每周对牛体进行检查，确认寄生虫控制计划充分实施。

⑧ 丢弃过期或被污染的药物，紧密关注杀虫剂的处理。

⑨ 保存好用药、处理记录。

10. 择期手术和护理方法

很多方法可以减少动物治疗过程或生病时的疼痛。

① 给动物提供可抵御伤害、疼痛、不适的圈舍和工作环境。

② 为所有的工作建立标准操作程序，工作人员一经录用就要接受培训，学习如何正确的操作技术。兽医和场主要定期检查。

③ 对所有人员进行培训，学会如何对待动物，减少它们的应激，避免受伤。

④ 给动物治疗、手术、给药时要人性化，不要粗暴。

⑤ 在应激（断奶、运输期间、炎热或寒冷气候或恶劣天气）下不要实施手术。

⑥ 择期手术最好选择在年龄小的时候，恢复得较快，并发症少。

去角：

断角术（推荐使用），烧灼法，需要局部麻醉，在1月龄以内实施；

切角，烧灼法，需要局部麻醉，服用镇静剂进入睡眠状态，可在3月龄以内实施。

小公牛阉割：

捆扎，1月龄以下实施；

切除（推荐使用），适用于2月龄以下实施；

去势切除，2~4月龄下实施，服用镇静剂进入睡眠状态。

去除多余的乳头：6月龄以下实施；

纹身做记号：6月龄以下实施；

剪尾：不应进行。

⑦ 术前，使用局部麻醉，使牛进入睡眠；术后，任何需要的时候可使用止痛剂。

提供配套设施，护理康复中的动物，保持环境舒适低应激；水和饲料可就近采食到；注意提供镇痛、抗炎治疗、绷带、伤口护理、物理治疗等措施。

⑧ 一旦需要，立即请兽医来检查。

⑨ 按照正确剂量、方法、年龄阶段、停药期使用抗炎药物。

⑩ 保留治疗记录。

11. 安乐死

安乐死，对患病的动物来说是一种最人道的方式。如果动物无法康复，又忍受着痛苦，建议执行安乐死。

第三节　犊牛实施早期断奶的好处

这里所指的断奶，对于一直饲喂牛奶的犊牛来说是断牛奶，而对于哺乳期间由饲喂牛奶转换成饲喂代乳品的犊牛来说，就是断代乳品。传统养殖犊牛断奶时间在 60～90 天，目前规模化养殖场可在饲喂初乳后以代乳品完全替代牛奶饲喂犊牛，并在 35～60 天开始实施断代乳品，不使用代乳品而饲喂牛奶的犊牛，只要饲喂得当，也可在 35～60 天开始断奶。

随着动物营养生理和消化生理研究的不断深入，对犊牛的消化代谢生理和营养需要有了更深的了解，犊牛的饲养方式发生了根本改变。现代奶牛业的工厂化和集约化发展要求犊牛早期断奶并快速生长。世界各国对代乳品开展了广泛的研究，用代乳品饲喂犊牛已经很普遍。采用营养全面、易于消化吸收的代乳品可以促进后备犊牛的瘤胃和肠道等消化器官的发育，为后天的高产性能奠定基础。使用代乳品对犊牛实施早期断奶的益处如下。

1. 节约大量牛奶，降低饲养成本，提高经济效益和社会效益

我国传统的犊牛培育方法是用鲜牛奶饲喂犊牛，一般在 60～90 日龄断奶。犊牛在 2 个月的饲养期间需要消耗牛奶 350～450 千克，占奶牛产奶量的 5%～10%。如果鲜奶按 4 元/千克来计算，培养一头犊牛的成本为 1 400～1 800元，犊牛培育成本很高。应用犊牛代乳品进行早期断奶时，平均一头犊牛用代乳品 40～50 千克，成本在 800～1 000 元，比牛奶饲喂的方法节省 400～1 000 元/头，明显降低了犊牛培育成本达 28% 以上，提高牛场的经济效益。

2. 给犊牛提供一种绿色、健康、安全的食物

由于鲜奶供不应求，价格高，用鲜奶培育犊牛就会降低养殖效益，饲养者一般不舍得用鲜奶饲喂犊牛，通常把奶牛场的病牛奶和抗生素奶作为饲喂犊牛的一种廉价资源。然而，随着科技的发展，人们越来越关注病牛奶和抗生素奶有可能引起的危险。病牛奶中含有大量的细菌、病毒，有的甚至具有传染性。当把这种奶喂给犊牛时，由于犊牛体质较弱，免疫系统尚未发育健全，这就很可能把疾病传染给犊牛，使效益受损。而抗生素奶含有大量的药物残留，长期使用则会增加犊牛的耐药性。因此，使用代乳品是经济安全有效的方法。代乳品将成为犊牛生长不可缺少的食物。

3. 促进犊牛瘤胃的发育，为奶牛高产打下基础

改变传统的培育犊牛方式，施行早期断奶，饲喂犊牛专用代乳品，选用易消化、适口性好的优质原料，含有犊牛生长发育所需的蛋白质、脂肪、维生素、微量元素及各种免疫因子，能使犊牛较早采食植物性饲料，锻炼和增强犊牛瘤胃等的消化机能和耐粗性。早期断奶还可以促进犊牛消化器官发育，增大瘤胃的容量，提早建立瘤胃微生物区系，刺激早期瘤胃的发育，增强消化力，使犊牛提前反刍，避免由于断奶而出现采食量突然下降的情况，使犊牛在整个生长期平稳生长发育，能够增强犊牛免疫力和抗病能力，有利于改善成母牛的进食量和乳房发育等，为培育高产奶牛打下基础。国内外无数试验表明，高产奶牛的培育，在犊牛时期饲养管理的好坏，对奶牛日后能否充分发挥产奶潜力起着决定作用。因为犊牛瘤胃的发育关系到成年母牛消化系统的容量和消化能力，成年母牛只有具备足够大的瘤胃容量和消化能力，才能充分发挥产奶潜力。犊牛代乳品含有优质植物蛋白和奶制品，碳水化合物含量丰富，对促进瘤胃快速发育及日后高产奶性能的发挥起到十分重要的作用。

4. 加快犊牛生长发育，使犊牛提前断奶

犊牛代乳品是根据犊牛生理特点研制。以经红外膨化、微波灭菌、加热灭酶和喷雾干燥等先进技术处理的优质植物蛋白粉与乳源蛋白相配合，辅以脂肪、乳糖、钙、磷和多种维生素、微量元素等

犊牛早期断奶技术

营养物质，产品易消化，并补充多种氨基酸，满足犊牛快速生长的需要。使犊牛充分发挥生长潜力，提早达到犊牛断奶的各项要求。成为奶业工厂化、集约化生产的措施之一。

5. 增强机体免疫力，减少疾病发生

犊牛对外界环境的适应和对疾病的抵抗力，最终要靠自身免疫力的提高。研究表明，在犊牛代乳品中加入非特异性免疫调节因子，可激活免疫活性细胞增强机体抗病能力和巨噬细胞活性；益生菌制剂、低聚糖等免疫因子的加入，抑制致病菌群的生长繁殖，从而保持菌群的正平衡，有效防止疾病发生直接增强犊牛自身免疫系统，减少疾病感染机会，直接增加犊牛免疫力和胃肠道功能的发育。

第四节　早期断奶技术要点

一、关注犊牛反刍功能的建立

以液体饲料（牛奶、代乳品）为主要饲料的新生和幼年犊牛与成年反刍动物不同，因为它们还只有一个胃即皱胃发挥功能，瘤网胃还没有发育成熟。当犊牛吃牛奶或代乳品时，食管沟闭合使牛奶避开网-瘤胃直接进入皱胃。等到开始饲喂固体饲料后，食管沟逐渐失去功能，瘤胃中的细菌群系开始建立，且瘤胃壁开始发育，小牛逐渐可以采食、消化纤维性饲料，观察到 2～4 月龄小牛开始反刍即可断定瘤胃已具有一定的功能。随着小牛的生长，所需要的畜栏面积和饲喂空间显著增加。此外，许多管理措施（包括疫苗接种、寄生虫治疗、人工授精、体高和体重测量等）也需要额外空间。圈养较大年龄育成牛的设施应符合它们的要求并便于饲养人员工作，畜舍特点应便于饲喂、铺垫草和清理卫生、动物转群和上枷套。

尽早提供和饲喂固体饲料、创造良好环境可加速瘤胃的发育和及早断奶（5~8周龄）。要在瘤胃发挥正常功能并能提供犊牛所需的营养时才可以实施断奶。瘤胃发酵产生的最终产物挥发性脂肪酸是瘤胃发育的刺激剂，缺乏固体食物刺激的犊牛瘤胃将不发育。由此可见，固体食物的摄入对瘤胃发育、反刍功能的建立是至关重要的，从犊牛采食固体饲料起，瘤胃中正常的细菌、原虫和真菌群系就自然建立起来，虽然瘤胃中有上百种微生物黏附在饲料颗粒上，但只有十几种微生物是主要类群。只有那些在厌氧环境下能够发酵碳水化合物的细菌（厌氧菌）才能在瘤胃中快速生长，碳水化合物发酵产生的最终产物（特别是丁酸和丙酸）是瘤胃发育的重要刺激物。而粗饲料需要有足够的瘤胃微生物才能够发酵产酸。因此对瘤胃发育来说，高淀粉精饲料的摄入比粗饲料更重要。尽早饲喂适口性好的犊牛饲料（各类谷物混合饲料）对促进瘤胃快速发育和顺利通过断奶期是十分重要的。

二、早期断奶犊牛的饲喂频率和方法

（一）液体饲料的饲喂

犊牛可饲喂牛奶，也可以饲喂代乳品，我们把这两类合称为液体饲料，与开食料、粗饲料等固体饲料相对应。开食料饲喂量达到500克/（天·头）左右后即可逐步减少牛奶或代乳品的饲喂量，直至断奶。

国内外在给犊牛喂奶、饲喂代乳品时，基本有2种方法，包括限量饲喂、自由采食（可分为采食凉奶或采食温奶）。

1. 限量饲喂方法

限量饲喂方法，是对犊牛限制液体饲料（牛奶或者代乳品）的次数和量，例如，4~6升/天，每天饲喂1~4次，定时定量。采取这种饲喂方法，可促进犊牛采食更多的开食料，限制饲喂牛奶的成本。还有一个好处是，饲养员定时照看犊牛，在饲喂时间可以仔细观察犊牛健康状况，及时发现问题。

采用限量饲喂方法，需要把犊牛安置在单栏中，每头犊牛一个奶桶、奶瓶或者类似的设施，让犊牛尽量保持类似母乳哺乳的自然状态，减少应激。例如，奶桶不能放在地面上，应该用篮圈吊挂起来，桶底距离犊牛栏舍地面约 30 厘米（图 1 - 2），有部分研究表明，这样可以刺激犊牛食管沟闭合，使得液体饲料能够直接进入皱胃而不用在瘤胃中发酵。当然，最近有一些研究也表明，犊牛食管沟的闭合，是受采食条件刺激而产生的，像定时饲喂、熟悉的饲养员、熟悉的奶桶奶瓶、配奶的声音等都给犊牛一个信号，即要开始喂奶了，犊牛会自动产生反应，食管沟闭合。因此，饲喂犊牛时要求定时、定量、定质、定温、定人，饲喂程序保持一致，这样既减少了犊牛的应激，也可保障犊牛健康。

图 1 - 2　犊牛奶桶

采用限量饲喂，按时按顿冲泡代乳品，因此需要保证热水供应。至于每天的饲喂次数，可以一次、二次、三次、四次等。采用每天一次的方法比较节省人力，也就是每 24 小时饲喂一次，一般按照 150 克代乳品干粉加 1 升水的比例配制代乳品乳液，一头犊牛约需要代乳品干粉 300 ~ 400 克/天。每天饲喂两次在牛场较常见，代乳品乳液以干物质 10% ~ 12.5% 的比例配制，每升水中添加 120 ~ 150 克代乳品干粉，而每头犊牛每天饲喂 400 ~ 500 克代乳品干粉。也有每天饲喂 3 ~ 4 次，这样犊牛的采食量比较高，可以达到 700 ~ 800 克/天，特别是在寒冷的环境下，高采食量可以给犊牛供给额外的能量用来维持体温。

上面说过，采用限量饲喂的方法需要注意定时、定量、定质、定温、定人。具体体现在以下几方面。

① 定时。

定时饲喂是为犊牛建立良好的饮食条件反射。饲喂要固定次数和时间，以提高犊牛的食欲和消化力。前 2 周要少喂勤添，日喂乳 4 次，3～5 周时日喂 3 次，6 周后可日喂 2 次。饮食不规律，会导致犊牛消化液分泌和胃肠功能紊乱，易引发各种疾病，会影响犊牛的正常生长发育。

② 定量。

应按饲养方案标准合理投喂食物。犊牛最初 2 周，应使犊牛处于半饥饿状态，不可过食，否则易引发犊牛下痢。这 2 周每天喂奶量约为体重的 1/10，使其保持旺盛的食欲，同时又不影响健康。3～4 周日喂奶量为其体重的 1/8，5～6 周龄为其体重的 1/9，7 周龄以后为体重的 1/10 或逐渐断奶。每次喂奶应在鲜奶中兑 1/4～1/2 清洁温水。若不兑水，牛奶在口腔中未能与消化液充分混合，到皱胃可凝固成坚硬且难以消化的结块，如果结块过硬过大，常可引起幽门堵塞，食物在胃内不能排出，会因皱胃扩张而死亡。

③ 定质。

要选用质量好、有信誉厂家生产的代乳品。饲养过程中不要随意更换品牌。如果必须要更换，也需要有个过渡期，慢慢替换。

④ 定人。

由于犊牛比较容易受到惊吓，对陌生人存在恐惧心理，因此，养殖场要尽量少更换饲喂犊牛的饲养员，即定人饲喂。通过一段时间的接触，犊牛会对饲养员产生熟悉感，这样可以减少惊吓带来的应激，避免不必要的损伤。同时，犊牛舍也要保持安静，不要人来人往，嘈杂喧哗。

⑤ 定温。

保持奶温恒定是饲喂奶犊牛的一条重要原则，若饮食太凉，会导致刺激胃肠蠕动加快引发腹泻；若饮食太热也不好，高温饮食可使犊牛消化道黏膜充血发炎，易引发肠炎。一般最好保持在38～40℃。

2. 自由采食方法

自由采食方法，即全天候给犊牛提供充足的液体饲料，更加接近母牛哺乳的自然状态，可减少饲养人员劳动量，提高增重和饲料利用率，犊牛的增重速度要高于限制饲喂方法，当然饲养成本也因饲喂量的增加而升高。自由采食方法，代乳品的配制浓度一般是干物质含量10%～12.5%，更适合于规模化的奶牛养殖场、小公牛或犊牛育肥场。自由采食所使用的代乳品乳液，可以使用设备保持温奶，也可以饲喂凉奶。国外早有研究证实，在凉奶中添加酸化剂，可以防止代乳品乳液变质，避免腹泻发生，提高犊牛采食后胃肠道健康，达到犊牛随采食随有代乳品的目标，降低劳动力投入。

采用自由采食的方法，犊牛可群养，这就需要饲养人员更加注意对犊牛的观察，及时清理粪尿和潮湿垫料。经观测，犊牛大约每天花费45分钟时间在喝奶上，这要比限制饲喂时的1～5分钟长很多，犊牛更加悠闲和自由，行为上更加接近自然哺乳状态。

自由采食下，可使用犊牛饲喂器（图1–3）进行饲喂。将代乳品按重量称量后放置在饲喂器中，冲泡成乳液，每头犊牛到饲喂栏中采食。一般一个饲喂器可以设置2～4个饲喂乳头，同时供2～4头牛采食，每个乳头可供25头犊牛使用，因此，一个饲喂期可满足100头犊牛。

自由采食方法下饲喂的犊牛，在断奶时需要一个有计划的断奶程序，这在第三章中有详细说明。

（二）固体饲料的饲喂

从犊牛出生后4天即可喂给开食料并持续喂到4个月（到断奶后6～8周）。出生后的头两个星期犊牛仅吃很少量的固体饲料。应当设法促使犊牛多吃固体饲料，如：① 犊牛饲料中应掺入糖浆或其他适口性好的营养成分；② 应少量多次喂给犊牛饲料以保持饲料新鲜；③ 应限制犊牛吃牛奶，每天吃牛奶最多不超过其出生

图 1 - 3　犊牛饲喂器（图片摘自 http：//www. westfalia. com/cn/）

时体重的 10% ；④ 应在饲喂犊牛饲料时提供清洁和新鲜的水，随着饮水的增加，干饲料的摄入也会增加；⑤ 在犊牛喝完奶后立即将一小把犊牛饲料放在犊牛的嘴边或奶桶的底部；⑥ 犊牛饲喂料也可用带奶嘴的奶瓶饲喂以促进摄取。

什么时间开始饲喂干草和精料呢？早期研究表明，优质干草和精料的混合料对于犊牛瘤胃的正常发育是必需的，纤维或粗饲料有助于增加瘤胃容量和保持瘤胃皱折的正常形状。然而最近的研究表明，如果饲喂含有足够纤维成分的犊牛精料，则直接饲喂干草并无优势。假如犊牛饲料所含的中性洗涤纤维（NDF）少于 25% ，就应补给干草，此外犊牛饲料应含 18% 的粗蛋白质，75% ~ 80% 的可消化养分（TDN），还应含有适当的维生素 A、维生素 D 和维生素 E。

犊牛饲料有两种类型：谷物性犊牛饲料和全价犊牛饲料。全价犊牛饲料比谷物性饲料含纤维成分高（即能量较少），全价犊牛饲料比谷物性犊牛饲料适口性稍差，因而摄入量较低，但两种犊牛饲料都可与成年牛的饲料（除尿素外）相配合。断奶前饲喂犊牛饲料不需另外补充粗饲料。通常犊牛饲料中的谷物成分是经过碾压粗加工形成的粗糙颗粒。因为饲料颗粒过细不能促进瘤胃蠕动，所以碾磨过细的饲料不适合饲喂犊牛。还可在犊牛饲料中加入5%的糖浆以改进适口性，当犊牛每日摄入1.5～2.0千克犊牛饲料时（3个月大），可改喂较便宜的精饲料混合物。

三、把握断奶时间

断奶应在犊牛生长良好并至少摄入相当于其体重1%的谷物性犊牛饲料（小型牛500～600克，大型牛700～800克）时开始进行，较小或体弱的犊牛应继续饲喂牛奶。在断奶前一周每天仅喂一次牛奶。大多数犊牛可在5～8周龄断奶，饲喂谷物性犊牛饲料的犊牛可能会比饲喂全价犊牛饲料的犊牛早断奶几周。4周龄前断奶危险较大并可能导致高死亡率。然而8周后断奶增加经济投入，原因是：① 很显然，犊牛固体饲料比液体饲料（牛奶或代乳品）价格便宜；② 仅喂液体饲料会限制犊牛的生长，犊牛断奶后如能较好地过渡到吃固体饲料（犊牛料和粗饲料），体重会明显增加。如上所述，在断奶前先饲喂犊牛专用饲料然后再补给粗饲料，这样对犊牛的营养需求和瘤胃发育会更好。应在断奶后饲喂优质干草或青贮饲料，饲料配方中的成分应严格监控，特别是饲料配方中有玉米青贮时。断奶后随饲料摄入量增加，体重能够而且应当上升到理想水平。6月龄时可喂精料2～2.5千克。

第五节　早期断奶技术实施效果

中国农业科学院饲料研究所在犊牛早期断奶及犊牛代乳品生产技术方面开展了十余年工作，国产的犊牛代乳品产品已在我国20余省市养殖场使用，取得了良好的效果和经济效益。下面举几个例子，供读者参考。

一、南方养殖奶牛的效果

上海光明乳业原第十牧场选择荷斯坦犊牛 24 头进行犊牛早期断奶的试验研究，全部参试犊牛均出生后 2 小时内吃到初乳，初乳连续饲喂 5 天。试验组犊牛自出生第 6 日起开始训练采食中国农业学科院饲料研究所的犊牛代乳品，6~10 日为过渡期。自 12 日龄起试验组犊牛完全饲喂代乳品，代乳品的饲喂量与对照组犊牛鲜奶的用量相对应，即用 200 克代乳品代替 1 000 克鲜奶（表 1-8）。对照组犊牛按本场原饲养方案继续饲喂鲜牛奶或剩余的初乳，乳中的乳脂肪为 3.5%，乳蛋白质 3.1%，乳糖 3.6%。

表 1-8　试验组犊牛的代乳品供给量

犊牛日龄（天）	次数（次/天）	对照组鲜奶（千克/天）	试验组		备注
			鲜奶（千克/天）	代乳品（千克/天）	
1~2	3	4	4		初乳
3~5	3	5	5		初乳
6~7	3	6	4	0.4	过渡期
8~9	3	6	3	0.6	过渡期
10~11	3	6	2	0.8	过渡期
12~42	3	6	0	1.2	正试期
43~56	2	5	0	1.0	正试期
57~60	2	4	0	0.8	正试期
合计		355	41	58.0	

代乳品的使用方法：用煮沸后冷却到 40~50℃ 的热水 1 000 毫升冲泡 200 克代乳品，使之成为乳液饲喂犊牛，每头犊牛准确饲喂。犊牛饲喂完毕后，用毛巾将犊牛口部擦干净。对照组犊牛按规定的鲜奶量兑以开水单独饲喂。

参试犊牛（试验组和对照组犊牛）饲养于同一犊牛舍，均从 7 日龄开始训练犊牛采食优质牧草（苜蓿干草）和精料，供给充足干净的饮水。试验组和对照组犊牛采食相同的精料，牧草和精料用量不限。

从犊牛出生到60日龄断奶，整个过程中两组犊牛生长发育均良好，无异常情况和死亡事件发生，犊牛代乳品和鲜奶供应正常，饲草料供给均衡。试验期间试验组和对照组犊牛增重结果见表1-9。

表1-9   代乳品试验对犊牛体重的影响

	试验前（千克）	11日龄（千克）	30日龄（千克）	60日龄（千克）	试验全期增重（千克）
试验组	40.50 ± 3.24	46.18 ± 3.94	57.27 ± 4.26^a	88.05 ± 6.25^a	$+47.55^a$
对照组	40.50 ± 2.68	45.32 ± 2.77	54.57 ± 3.34^b	82.22 ± 7.06^b	$+41.72^b$

注：表中同一列数据肩标字母不同者表示差异显著（$P<0.05$）

可以看出，两组犊牛的初生体重相同，11日龄时试验组平均体重比对照组高0.86千克，但差异不显著，即过渡期两组犊牛体重相同，这表明在6天的过渡期，进食代乳品实施早期断奶犊牛的增重速度超过对照组犊牛。30日龄两组犊牛的平均体重分别为57.27千克和54.57千克，试验组犊牛体重明显大于对照组犊牛体重（2.70千克/头）。到60日龄时两组的平均体重分别达到88.05千克和82.22千克，试验组比对照组高5.83千克，显示出采用国产代乳品对犊牛实施早期断奶后犊牛生长发育的明显优势。

试验期间，自11~30日龄对照组和试验组犊牛的平均日增重分别为486.84克和583.68克；30~60日龄的平均日增重分别为921.67克和1026克。可以计算出30日龄前试验组犊牛比对照组犊牛每日多增重96.84克；在30~60日龄期间试验组犊牛比对照犊牛多增重104.33克，后期的优势大于前期。

二、北方养殖奶牛犊牛早期断奶的使用技术与效果

北京大兴区沧达福奶牛繁育中心于2004年进行犊牛代乳品的

示范试验。将犊牛随机分成对照组和试验组，每组 12 头。对照组犊牛按奶牛场原饲喂方式和饲喂次数给犊牛供应鲜奶，试验组犊牛过渡 5 天，由饲喂鲜牛奶逐渐过渡到饲喂中国农业科学院饲料研究所的犊牛代乳品，代乳品的饲喂量与对照组犊牛鲜奶的用量相对应，即每天饲喂代乳品 800 克。试验期 60 天。

犊牛体重变化情况见表 1-10。可以看出，试验开始时对照组犊牛平均体重为 (45.86±3.35) 千克，试验组犊牛平均体重为 (46.55±4.25) 千克，差异不显著。经过 60 天的饲喂试验，对照组和试验组犊牛体重分别达到 (73.69±7.96) 千克和 (79.68±8.83) 千克，试验组比对照组多增重 5.3 千克，从日增重来看，试验组比对照组提高了 88.5 克。由此可以看出，用营养平衡且完善的代乳品代替鲜牛奶饲喂犊牛的确能够促进犊牛的生长发育，增加犊牛的增重速度。

表 1-10　犊牛体重的变化

	初重 （千克）	30 天重 （千克）	60 天重 （千克）	60 天增重 （千克）	60 天日 增重（千克）
试验组	46.55±4.25	59.82±6.75	79.68±8.83 A	33.13±6.23 A	552.17±103.81 A
对照组	45.86±3.35	57.32±4.58	73.69±7.96 B	27.82±7.10 B	463.70±118.41 B

注：表中同一列数据肩标不同大写字母者表示差异极显著（$P < 0.01$）。

犊牛体高的变化见表 1-11。可以看出，试验前试验组犊牛的平均体高略高于对照组，差异不显著，试验后试验组犊牛平均体高仍然高于对照组，但是仍然差异不显著。从体高净增长的数量来看，试验组要比对照组多增长 1 厘米，因此，试验组犊牛体格较好。

表 1-11　犊牛体高的增长情况

	初体高 （厘米）	末体高 （厘米）	净增长 （厘米）	平均日增高 （厘米）
对照组	79.82±2.09	88.18±3.66	8.36±3.47	0.17±0.07
试验组	82.18±3.19	91.55±3.11	9.36±2.91	0.20±0.07

试验前后试验组犊牛的平均胸围均高于对照组，差异均不显著。但是从胸围净增长的数量来看，试验组要比对照组多增长2.91厘米，试验组犊牛的胸围增长速度要快于对照组（表1-12）。

表1-12　犊牛胸围发育的情况

	初胸围（厘米）	末胸围（厘米）	净增长（厘米）	平均日增长（厘米）
对照组	87.09±2.81	98.82±5.08	11.73±4.54	0.24±0.09
试验组	88.36±3.59	103.00±5.40	14.64±3.91	0.31±0.08

对照组犊牛在60天内消耗鲜牛奶400千克，净增重27.82千克，即每千克增重需要鲜牛奶14.37千克，而试验组犊牛比对照组犊牛多增重5.31千克活重，这意味着试验组犊牛节省了14.37×5.31=76.30千克牛奶，以当年牛奶价格2.0元/千克计算，这部分效益应该是2.0×76.30=152.60元。加上饲喂代乳品比饲喂鲜奶少投入的饲养成本126元（试验组每头犊牛代乳品总消耗量×代乳品单价-对照组每头犊牛鲜奶总消耗量×鲜奶单价），两项节省费用之和每头犊牛为126+152.60=278.6元。整个试验组12头犊牛共节省成本3343.20元。

三、近两年来试验示范情况

犊牛实施早期断奶技术，采用代乳品替代牛奶饲喂，近年来逐步推广开来。随着奶牛产业技术体系北京市创新团队的建立，犊牛早期断奶技术成为体系主推示范技术之一，2012—2013年陆续在大兴区、昌平区、密云县的6个奶牛养殖场进行了示范试验，2014年推广到22个养殖场。示范场示范用犊牛与原有技术培育的犊牛，断奶时体重和体尺差异不显著，平均节省犊牛培育成本440元/头（2012年奶价计算）。技术和产品得到了奶牛养殖场的一致认同。图1-4至图1-6是2012年部分牛场的示范结果。2013 年由于牛奶收购价格的飙升，每头犊牛节约鲜奶饲喂成本达到 480～640 元。

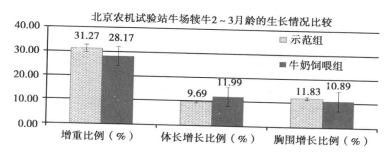

图 1-4　牛场使用结果（示范组犊牛为早期断奶以代乳品饲喂；牛奶饲喂组犊牛以鲜奶饲喂）

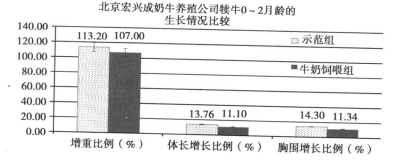

图 1-5　牛场使用结果（示范组犊牛为早期断奶以代乳品饲喂；牛奶饲喂组犊牛以鲜奶饲喂）

在示范场进行了现场经济效益核算，3 个示范牛场的经济效益核算如下。

（1）北京农机试验站牛场

对本场的犊牛培育花费进行核算，结果如下。

牛奶饲喂 =540 千克/头 ×3.6 元/千克 =1 944 元/头；

代乳品饲喂 =67.5 千克/头 ×20 元/千克 =1 350 元/头；

每头牛可节省 =1 944 元 -1 350 元 =594 元。

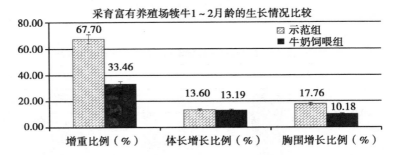

图1-6 牛场使用结果（示范组犊牛为早期断奶
以代乳品饲喂；牛奶饲喂组犊牛以鲜奶饲喂）

（2）北京宏兴成奶牛养殖公司

牛奶饲喂=360千克/头×3.6元/千克=1 296元/头；

代乳品饲喂=45千克/头×20元/千克=900元/头；

每头牛可节省=1 296元-900元=396元。

（3）采育富有养殖场

牛奶饲喂=300千克/头×3.6元/千克=1 080元/头；

代乳品饲喂=37.5千克/头×20元/千克=750元/头；

每头牛可节省=1 080元-750元=330元。

第二章　犊牛日粮与营养供给

随着犊牛日龄的增加，它们消化系统的功能逐渐完善，尤其是瘤胃快速发育。因此，犊牛出生后，日粮种类也需要不断变化，具体可参考表 2 – 1。我们需要根据犊牛的这种特性来提供合适的日粮，满足它们的营养需要，保证健康生长。

表 2 – 1　犊牛消化能力和日粮种类的变化

日龄	发挥作用的胃	适宜饲喂的日粮	建议日粮类型
0 ~ 3 周龄	皱胃	液体	初乳，牛奶，代乳品
4 ~ 8 周龄	皱胃 + 瘤胃	液体 + 固体	牛奶，代乳品，开食料
8 周龄以上	瘤胃	固体	开食料，粗饲料，饮水

注：修改自 Charlton（2010）

下面是从出生到断奶犊牛营养中应注意的几个问题。

① 初乳的饲喂，目前最好的管理方法是在出生后第 1 ~ 第 2 小时内饲喂 4 升的初乳，18 小时内再喂食两次以上初乳。如果初乳的质量一般，则需要提高饲喂量，确保大多数的犊牛获取足够的抗体。

② 储备"首次挤奶"的初乳用来饲喂新生牛犊，因为首次挤的初乳中维生素、营养成分和抗体浓度都是最高的。

③ 犊牛断奶前 3 个星期开始饲喂开食料。开食料可刺激瘤胃发育，而使犊牛逐步从固体饲料中摄取足够的营养素。

④ 犊牛断奶前应每天吃 0.9 ~ 1.1 千克/头开食料。

⑤ 在恶劣天气条件下，小牛需要额外增加营养。

第一节 初 乳

初生犊牛要尽快喂上初乳，初乳对增强犊牛抗病力起关键作用。

奶牛分娩后 24 小时内所产的乳叫初乳。初乳是奶牛分娩后最开始挤出的浓稠、奶油状、黄色的牛奶。严格来讲，分娩后第 1 次挤出的奶才能称为初乳。分娩后第 2 次至第 8 次（即分娩后 4 天）挤出的奶称为过渡奶，因为这段时间里产生的奶逐渐接近于正常奶。

一、初乳的特点

1. 初乳与常乳的比较

初乳比常乳的总干物质多，在总干物质中除乳糖较少外，其他含量都较常乳多，尤其是蛋白质、灰分和维生素的含量以及部分物理化学性质（表 2－2）。在蛋白质中含有大量免疫球蛋白，它对增强犊牛的抗病力起关键作用。

表 2－2 初乳和常乳的比较

成分	初乳	常乳
脂肪（%）	3.6	3.5
非脂固体（%）	18.5	8.6
蛋白质（%）	14.3	3.25
酪蛋白（%）	5.2	2.6
白蛋白（%）	1.5	0.47
免疫球蛋白（%）	5.5～6.8	0.09
乳糖（%）	3.10	4.60
灰分（%）	0.97	0.75
钙（%）	0.26	0.13
镁（%）	0.04	0.01

（续表）

成分	初乳	常乳
钾（%）	0.14	0.15
钠（%）	0.07	0.04
磷（%）	0.24	0.11
氯（%）	0.12	0.07
胡萝卜素（微克/克脂肪）	24~25	7
维生素 A（微克/克脂肪）	42~48	8
维生素 D（微克/克脂肪）	0.9~1.8	0.6
维生素 E（微克/克脂肪）	100~150	20
比重（%）	1.063	1.032
酸度（%）	48.35	20
水分（%）	63.62	87.12

2. 初乳中的免疫球蛋白

在母体血液中的免疫球蛋白，主要有 IgG、IgM 和 IgA，其中以 IgG 占的比例最大，而且起着主要的免疫作用。但是，母体血中的免疫球蛋白不能透过胎盘传给犊牛，所以初生犊牛没有免疫力，只有当犊牛吃到初乳后，免疫球蛋白以未经消化的状态透过肠壁被吸收入血后才具有免疫作用，但是随着犊牛出生后时间的延续，吸收未经消化球蛋白的作用将消失。这种作用称为肠壁闭锁。犊牛在初生时对初乳免疫球蛋白的吸收率最高，大约为 50%，在 20 小时后，仅能吸收 12%，36 小时以后仅能吸收极少量或不吸收。犊牛越早喂足量的初乳，血中免疫球蛋白越多，而血中免疫球蛋白含量与犊牛的死亡率直接相关，见表 2-3。

表 2-3 犊牛死亡数与血清免疫球蛋白（IgG）百分率的关系

组别	IgG（%）	犊牛数（头）	犊牛死亡数（头）	死亡率（%）
1	1.1~6.2	73	12	16.4
2	6.3~12.0	73	3	4.1
3	12.1~19.3	73	2	2.7
4	19.4~46.7	74	1	1.4
合计		293	18	6.1

3. 初乳的生物学特性

初乳具有很多特殊的生物学特性，是新生犊牛不可缺少的营养品。具有很高的营养价值和免疫价值。初乳是富含免疫蛋白（即抗体或免疫球蛋白）的牛奶。其营养作用表现为：初乳可以代替肠道内的黏膜，初生犊牛由于胃肠空虚，皱胃及肠壁黏膜不发达，对细菌抵抗力很弱，初乳覆盖在胃肠壁上以后，可以防止细菌浸入血液中，从而提高对疾病的抵抗力；初乳中含有溶菌酶和免疫球蛋白，可以抑制和杀灭多种病菌，奶免疫球蛋白可以抑制某些疾病的活动；初乳的酸度较高（45~50°T），可使胃液变成酸性，抑制有害细菌的繁殖；初乳可以促进皱胃分泌大量的消化酶，促使胃肠机能尽早形成；初乳中含有较多的镁盐，有轻泻作用，能排除胎粪；初乳中含有丰富而易消化的养分。初乳含有更高的脂肪、蛋白质、矿物质和维生素。初乳蛋白质含量比常乳多 4~5 倍，维生素 A、维生素 D 多 10 倍左右，对犊牛的健康与发育也有重要的作用。

二、初乳的饲喂方法

出生后 1 小时内喝到初乳的数量和质量，对犊牛的健康、生长发育、生产性能和最初 6 个月或更长时间的盈利都有影响。饲喂初乳不仅是犊牛获得必需的免疫抗体的唯一方式，初乳还为机体提供了必需的维生素 A、维生素 D 和维生素 E，促进了免疫系统的发育，并启动生长。此外，初乳中脂肪含量高，含有免疫球蛋白和必需氨基酸，这些对于小牛最初的健康和生长都是至关重要的。

犊牛出生后应尽早喂初乳，且越早越好，最好在出生后 0.5~1.0 小时内吃上初乳，犊牛能够饮到占体重 10% 的初乳。通常第 1次初乳喂量不少于 4 升。第 2 次饲喂应在出生后 6~9 小时，每天即挤即喂，保证奶温。变凉的初乳可用热水水浴加热，明火加热会破坏其营养成分。在生后的几天，犊牛每天可按体重的 1/5 左右计算初乳的供应量，每天 3 次等量饲喂。饲喂时温度保持在 35~38℃，温度过低需要温热。

当乳头过大或乳房过低时要人工辅助犊牛吃初乳。最初犊牛由铝盆哺饮初乳，通常采用的方法是一手持盆，另一手指蘸点初乳涂在牛鼻镜和口腔内，反复几次使犊牛吸吮手指，当吸吮手指时，慢慢将手指放入铝盆中，待吮奶正常后，可将手指从中拔出。如遇母牛产后患病或死亡，应用同期分娩母牛的初乳喂犊牛。

在犊牛吃奶期间应注意不要损伤哺乳母牛的乳房或造成乳房炎，必要时可以在最初 2 天内人工挤奶。

三、初乳的质量评价

IgG 水平的检测。可以用初乳测定仪鉴定初乳的品质，具体请见图 2－1。要在室温（22℃）下测定，温度过高时测定的数值会低于实际值，而温度过低下数值会较高。可以使用公式进行校正，即：校正 IgG（毫克/毫升）＝（IgG-13.2）＋（0.8×摄氏度值）。将初乳测定仪放到充满初乳的容器中，使初乳溢出一部分，测定仪保持悬浮，然后读取测定仪上的刻度。测定完成后立即将测定仪清理干净，以便检测下一份初乳。

生物学品质。测定初乳中的细菌总数。初乳营养成分含量高，很容易滋生细菌，并快速繁殖。因此，需要特别注意，使用清洁干净的容器，并冷冻保藏。评价初乳的生物学品质，指标包括标准平皿计数（SPC，standard plate count）、细菌总数（TBC，total bacterial count）、粪大肠菌群数（FCC，faecal coliform counts），并且可在初乳采集、饲喂、贮藏的各个时间进行检测。要求 SPC＜5 000 CFU/毫升，TBC＜100 000 CFU/毫升，FCC＜1 000 CFU/毫升。为了保证初乳的品质，不要采集带血的初乳和乳房炎奶牛产的初乳。

被动免疫转移的充分性。可以用血试剂盒折射计检测。这种检测可检测 5 日龄以内的犊牛，在犊牛出生后 12～24 小时间或者是饲喂初乳后 6 小时以上进行。研究发现，血清总蛋白（TG）与动物体的 IgG 水平有很强的相关关系，要求 TG＞5.5 克/100 毫升，或血浆 IgG＞10 克/升。

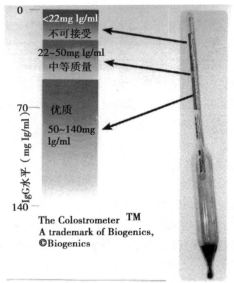

图 2-1　初乳测定（摘选自 Charlton，2010）

图中初乳测定仪由上自下显示颜色分别为红色、黄色、绿色（3 个箭头初始端所在的位置），表示初乳中 IgG 水平。其中红色表示 IgG <22 毫克/毫升，为不可接受的初乳；黄色表示 IgG 在 22～50 毫克/毫升，为中等质量的初乳；绿色表示 IgG 在 50～140 毫克/毫升，为优质初乳。

当初乳不足时可使用初乳替代品，例如，牛血清、来自免疫接种牛的喷雾干燥初乳、干酪乳清、鸡蛋抗体。替代品需要能够在混合饲料中提供 >100 毫克的 IgG，以及充足的脂肪、蛋白质、维生素和矿物质。

四、初乳的采集、保存与解冻

初乳的采集。犊牛出生后，母牛的第一次泌乳为初乳，需要立即消毒乳头并采集初乳。不要采集病牛的初乳。采集后的初乳，在保存、饲喂过程中所使用的器皿必须要清洁、消毒，一般 1 ~ 2 升一瓶或一袋，最多不要超过 4 升，以便使用。

初乳含有丰富的营养成分，极易滋生微生物，因此，一定要注意，不能将初乳保存在室温下，采集后立即冷藏或冷冻。首先要在30 分钟内快速冷却到 15℃ 以下，可以将干净的冰袋放在初乳上，推荐比例为 1 : 4（冰 : 初乳）。然后在 2 个小时内降低到 4℃，随后贮藏在冰箱中，在 1 ~ 2℃ 可存放 7 天。如果存放期超过 3 天，可考虑添加细菌生长抑制剂，例如，山梨酸钾等。将初乳冷冻可贮存 1 年左右，冷冻时特别要关注冰柜的温度达到 −20℃，并且需要给每个容器做好标记，记录保存的时间和 IgG 水平。

在给犊牛饲喂前，需要将初乳解冻。解冻时要以热水浴缓慢解冻，如果使用微波炉解冻，则一定要低功率、短时间。温度过高会破坏初乳中抗体。

清洗容器。所有与初乳接触的容器都需要清洗干净。每次使用后，要用温水冲洗，然后用肥皂水擦洗，冲干净后使用消毒剂冲洗。最后悬空倒置、晾干。

五、初乳使用的要点归纳

将初乳使用的各个方面进行总结，饲喂犊牛初乳的基本原则是，保证所有犊牛正确的吃到初乳，做到优质、保量、快速、清洁4 点。

① 优质：初乳中 IgG 水平大于 50 毫克/毫升，且控制细菌总数。

② 保量：初生犊牛需要吃到 4 ~ 6 升初乳。

③ 快速：犊牛出生后 6 ~ 8 小时内必须要吃到足量的初乳。

④ 清洁：盛放初乳的容器、饲喂器具需要清洗干净；初乳不能在室温下放置，需要立即降温、冷藏、冷冻。

第二节 常 乳

一、液体饲料种类

初乳饲喂过后，犊牛即转入常乳饲喂，也可以逐渐过渡到代乳品饲喂。常乳、其他各种乳、代乳品都可以称之为液体饲料，其优缺点见表2－4。

表2－4 每种液体饲料的优缺点

液体种类	营养平衡	有效成分含量	稳定性	贮存和运输	疾病风险	经济支出
废初乳/过渡期奶	随母牛个体变异大，需要稀释以减少固形物，降低腹泻风险	可能不足	变异性大，环境温度高可导致酸败发酵	需要冷藏、冰冻或发酵处理	中等，需了解细菌数	低-中等，取决于贮存费用
全乳	较平衡，但一些维生素和矿物质含量低	适度	取决于奶牛品种和个体	如果靠近犊牛舍，取用方便	中等，需了解细菌数	高，取决于牛奶价格
废弃牛奶	较平衡，但可能有细菌或抗生素残留	可能不足	须评估质量，了解产奶牛的健康状况	需要较高条件	高度，取决于奶牛健康情况，不适于4日龄以下犊牛	低，但风险大
代乳品	可以按生长目标配制营养成分	较高	管理好的情况下稳定性高	方便	很低	变异大，取决于成分和加工

常乳的采集、饲喂、贮藏、解冻，与初乳大致相似，在此不再赘述。不要给犊牛饲喂含有抗生素残留的奶、细菌含量过高的奶、

非巴氏消毒的废牛奶、病牛产的奶。

二、废弃牛奶

　　废奶通常是乳房炎和抗生素治疗后产生的不能用于销售的牛奶，有些牛场出于降低培育成本的动机，将废弃牛奶给犊牛。但是，现在人们开始怀疑废弃牛奶的利用价值和危害，尤其是考虑到饲喂废奶所带来的高风险。畜牧养殖面临的持续压力是减少对抗生素的依赖性，尤其是在饲料中添加使用的抗生素。使用抗生素残留较高的废奶的具体风险是什么，国外研究人员分析了废奶中的细菌数量，发现废奶中的细菌数量显著高于其他正常的牛奶、初乳和代乳品，其中，链球菌属和肠杆菌属是主要的细菌，特别以葡萄球菌和大肠杆菌等革兰氏阴性菌最为常见。而废奶的抗生素残留方面，研究发现，63% 的废奶对 β-内酰胺和四环素类呈现阳性反应。因此，废奶中可能含有大量感染动物和人的致病菌，如果没有经过有效的处理，去减少微生物数量，是否喂给犊牛就需要慎重考虑。1990 年英国研究人员进行了两次试验，用含有抗生素的废奶饲喂犊牛。在第一个试验中使用发酵的废奶和未发酵的废奶来饲喂，在第二个试验中仅使用未发酵的废奶来饲喂对照组。试验表明，含有抗生素的废奶适口性很差，采食率低。两个试验中使用废奶的犊牛，表现出来生长速度都很差，第二个试验中，与饲喂代乳品的犊牛相比有显著的差异。第一个试验饲喂废奶的犊牛粪便中大肠杆菌对链霉素的耐药性高，但对青霉素的耐药性没有差异，第二个试验没有观察到耐药性的区别。研究者认为，废奶中大量的细菌有可能会导致犊牛疾病。对于养殖场来说，不应把目光放在废弃牛奶的使用上，而应该考虑废奶产生的原因，并尽可能减少废奶的产生。

　　经过筛选和认真处理的废奶方可作为犊牛的饲料来源。如果一定要使用废奶，必须考虑以下 6 个条件。

　　① 确认废奶的来源，母牛的健康状况（病因）。带牛病毒性腹

泻病毒（BVD）和副结核的奶牛能迅速导致全群犊牛感染。如果母牛带未表现出临床症状致病菌则有导致犊牛感染的可能性，不要将这些母牛的奶喂给小牛。那些带有BVD和副结核的牛场，一定要使用代乳品来饲喂犊牛，以隔绝母牛对犊牛的垂直传播。

② 不要将废奶在常温下长时间存放，这会导致细菌数量的急剧上升。

③ 不要使用抗生素治疗后首次挤出的牛奶饲喂犊牛。这些牛奶含有很高的抗生素残留并且可能导致犊牛产生耐药性。如果将抗生素奶喂给即将上市的肉用公犊牛，将会导致牛肉中抗生素残留而引发食品安全问题。对于后备母牛，抗生素对健康没有大的影响，但也要谨慎使用，因为会导致细菌对抗生素的耐药性，从而可能增加今后治疗时的用药量或用药成本。

④ 不要使用血乳和外观已经明显变质的废奶。这些废奶可能含有相当多活跃的致病菌、大量的白细胞和其他一些毒素，有可能导致犊牛疾病。如果废奶看起来很差，不要使用。

⑤ 不要将废奶喂给群养的犊牛。群养的犊牛会相互吸吮，导致致病菌的传播，如果吸吮乳房，会导致乳房炎。

⑥ 不要将感染大肠埃希氏菌和巴氏杆菌的母牛的牛奶喂给犊牛。这些细菌会通过牛奶垂直传播给犊牛，感染犊牛的肠道，引发疾病。

每一个奶牛场都会产生一些废奶。如果严格按照以上条件筛选，废奶可以作为犊牛的食物来源。从另外一方面来说，由于有造成大量犊牛感染疾病的风险，很多牛场已经停止使用废奶，改用犊牛代乳品。使用废奶导致犊牛感染疾病的概率相当高，虽然巴氏消毒能够减少废奶中的细菌数量，但未能达到灭菌的程度，巴氏消毒不能彻底杀灭废奶中大量的致病菌，也不能清除废奶中的抗生素和细菌毒素。

第三节　犊牛代乳品

　　犊牛代乳品，指的是根据犊牛的营养需要配制而成的配方奶粉。优质的代乳品必须符合犊牛的犊牛消化生理特点。4～21日龄的犊牛，胃肠道消化酶活性低，营养主要靠肠道吸收，而瘤胃尚未发育完全，这个阶段的代乳品要具备消化性能好、能促进肠道微绒毛发育、促进瘤胃发育的特点，乳源蛋白和脂肪比例较高；22～42日龄及以后的犊牛，食管沟作用消失，瘤胃功能开始逐步建立，瘤胃乳头开始起作用，瘤胃微生物开始生长，这个阶段要增加开食料的采食，促进瘤胃发育。代乳品要对瘤胃乳头发育、瘤胃有益微生物的生长有利，可以使用较高比例的植物源蛋白。筛选代乳品产品，需要关注其营养成分含量。优质的代乳品，要含有优质蛋白质、易消化的碳水化合物、易吸收的脂肪，还要配制有合理、全面的维生素和微量元素，另外，益生素、免疫活性物质、消化促进剂等也是促进犊牛生长的必要成分。

　　在欧美等畜牧业发达国家，奶牛饲养者已将犊牛早期断奶技术和代乳品广泛应用于生产，并取得了巨大的经济效益和社会效益。早期断奶技术实施的关键在于必须有优质高效的犊牛代乳品作为保障条件，才可以保证犊牛早期断奶获得成功。使用代乳品可以降低饲喂成本，同时可以促进犊牛胃肠道早期发育，有利于对犊牛腹泻的控制，有利于提高产奶牛的生产性能。

　　国内使用的代乳品主要是进口产品和简单的初级配制品，由于不能适应我国犊牛生产的实际情况而直接影响了代乳品的使用和推广。从2000年开始，中国农业科学院饲料研究所开始研制我国自己的犊牛专用代乳品，并取得成功，直接推动了我国犊牛培育模式的变革。该技术已取得国家发明专利6项，并陆续荣获北京市科技进步一等奖、农业部中华农业科技二等奖和三等奖、天津市科学技术三等奖等，产品获得了国家重点新产品证书、北京市自主创新产品证书。

一、对犊牛代乳品的基本要求

代乳品要代替牛奶并达到较好的生产性能，就必须在营养成分和免疫组分上接近母乳，在味感上使犊牛可以接受，有助于减少犊牛的腹泻、增加犊牛对疾病的抵抗力和免疫力，同时还能增加犊牛的生存能力和提高日增重。牛奶、山羊奶和绵羊奶各有特点和区别，见表2-5，奶成分是研制代乳品的重要依据。

表2-5　山羊奶、绵羊奶和牛奶主要成分比较

成分	山羊奶	绵羊奶	牛奶
脂肪（%）	3.80	7.62	3.67
乳糖（%）	4.08	3.70	4.78
蛋白质（%）	2.90	6.21	3.23
酪蛋白（%）	2.47	5.16	2.63
钙（%）	0.194	0.160	0.184
磷（%）	0.270	0.145	0.235
维生素A（国际单位/千克脂肪）	39.00	25.00	21.00
维生素B_1（毫克/100毫升）	68.00	7.00	45.00
维生素B_{12}（毫克/100毫升）	210.00	36.00	159.00
维生素C（毫克/100毫升）	20.00	43.00	2.00

代乳品首先要求供给犊牛足够的能量。代乳品中的能量/蛋白的比值应高于自然的牛奶，只有这样才能有利于蛋白质的吸收；如果代乳品的蛋白质来源是奶或奶制品，那么要求蛋白质含量要在20%以上，如果含有植物性的蛋白质来源（如经过特殊处理的大豆蛋白粉），就要求蛋白质含量高于22%。这是因为一方面植物蛋白质氨基酸平衡不如奶源蛋白质，另一方面，犊牛由于消化系统发育不完全，不能产生足够的蛋白质消化酶来消化这

些植物蛋白质。

增加代乳品中的脂肪含量目的在于提高能量水平，好的代乳品脂肪含量应在 10%～20%，脂肪含量高有利于减少犊牛腹泻，并为犊牛的快速生长提供额外的能量。在冬天，脂肪对维持犊牛体温非常重要。建议冬天代乳品脂肪含量可以达到 20%以满足其需要，而夏天 10%的脂肪就可以。最好的脂肪来源也是动物性脂肪。另外，添加 1%～2%的蛋黄素有利于犊牛对脂肪的消化和吸收。据国外研究报道，代乳品干物质中脂肪水平在 25%以上，加水稀释后，代乳液中营养成分可以达到干物质含量 16.6%、粗蛋白质 3.9%、粗脂肪 3.8%、灰分 12.5%、钙 1.7%、磷 1.2%。

代乳品最好的碳水化合物来源是乳糖，代乳品中不能含有太多的淀粉（如小麦粉和燕麦粉），也不能含有太多的蔗糖（甜菜）。由于犊牛没有足够的消化酶去分解和消化它们，太多的淀粉和蔗糖会导致腹泻和失重。日粮中淀粉含量过高是造成 3 周龄内的犊牛营养性腹泻的主要原因。另外，微量元素和维生素也是犊牛所必需的，因为犊牛瘤胃功能发育不完善，瘤胃微生物不能合成所需的多种维生素。

欧美等国已研制出多种代乳品，配方中的营养素主要有脂肪、乳蛋白质、乳糖、纤维素、矿物质、维生素和抗生素等，但都未强调免疫因子。我国也开展了相关的研究，中国农业科学院饲料研究所研制的犊牛、羔羊代乳品包括营养元素和免疫因子两个部分，该代乳品选用经浓缩处理的优质植物蛋白粉和动物蛋白质，经雾化、乳化等现代加工工艺制成，含有犊牛生长发育所需要的蛋白质、脂肪、乳糖、钙、磷、必需氨基酸、脂溶性维生素、水溶性维生素、多种微量元素等营养物质和活性成分及免疫因子。其特点是满足犊牛的氨基酸需要，用脂肪和变性淀粉满足能量需要，用活性免疫因子提高犊牛对疾病的抵抗能力。

犊牛对代乳品的需要即对其中营养物质和免疫物质的需求，应根据犊牛的机体组成和牛奶的组成为依据，进行科学的配制。中国农业科学院饲料研究所在犊牛代乳品主要营养成分应达到的适宜水平进行了一系列科学试验，得出了犊牛代乳品可以以大豆、小麦等植物性原料替代乳制品，植物来源的蛋白质可占代乳品总蛋白质含量的50%；可以用植物原料合成的葡萄糖、淀粉替代乳糖，但使用淀粉应在30日龄以上犊牛的代乳品中。饲养实践也证明，通过科学的加工和配制，以植物性原料为主生产的代乳品效果与国外进口产品不相上下。

二、犊牛代乳品的主要营养成分要求

1. 蛋白质和氨基酸

蛋白质历来是动物饲料和营养中最重要的内容之一。犊牛日粮中常见的蛋白质包括乳蛋白和非乳蛋白两大类。目前许多公司正在推广的"加速生长计划"，就是以蛋白含量为28%的代乳料为基础，他们认为在犊牛还未摄入足量的犊牛开食料时，高蛋白代乳料更能满足犊牛的营养需要，并可以促进生长发育，但是在我国的普遍饲养管理模式以及代乳品蛋白来源以植物蛋白为主的情况下，高蛋白质水平并不能确保获得良好的生长性能。蛋白质的水平和来源是限制代乳品应用的最大因素。

我国乳制品生产量不足，乳清粉、乳糖等依赖进口，生产代乳品如果全部使用乳源蛋白，就会导致成本较高，降低生产者和奶牛养殖者的经济效益，因此，使用植物蛋白替代乳源蛋白是必经之路。那么使用植物蛋白会不会降低犊牛的生长性能、引起健康问题呢？中国农业科学院饲料研究所经过近15年的研究，目前已形成了成熟的植物型代乳品特殊加工工艺和配方，并应用在实际生产中。在将植物蛋白占总蛋白质20%、50%、80%的3种代乳品进行比较时可以发现，犊牛代乳品中的蛋白质来源对0~2月龄犊牛的增重性能（表2-6）和物质消化代谢有影响趋势；大豆蛋白在代乳品中的比例达到80%可引起犊牛腹泻的发生率；大豆蛋白为50%时综合效益较好。

表2－6　不同蛋白来源对犊牛生长性能的影响

变量	代乳品中植物蛋白占总蛋白的比例（%）		
	20	50	80
初始重（千克）	45.95±4.00	46.55±2.91	46.73±5.30
末重（千克）	65.50±4.12	64.90±7.51	62.80±21.50
总增重（千克）	19.55±4.82	18.35±6.57	13.47±11.72
平均日增重（克/天）	465.48±14.77	436.91±56.37	331.11±70.31

注：数据用平均值±标准差来表示

　　国外学者在日粮中含有非乳蛋白时对犊牛的生长性能方面曾进行了大量的研究，总体认为非乳蛋白的应用效果不及乳蛋白，且以植物蛋白为蛋白源的代乳品替代牛奶或者全乳蛋白日粮饲喂犊牛，根据蛋白源的种类及替代乳蛋白量多少的不同，对犊牛生长性能的影响也是不同的；用植物蛋白源的代乳品代替牛奶或全乳蛋白代乳品在犊牛的后期培育中，可以得到补偿生长。出生2～3周龄后的犊牛可以有效地利用大豆蛋白。另外，犊牛进食牛奶或乳蛋白来源的代乳品不利于犊牛瘤网胃的正常发育，尽管这些组织器官也会增长，但胃壁会变薄而且乳头的发育受到抑制。一旦犊牛开始进食干饲料，则瘤网胃的容积、组织重量、肌肉组织和吸收能力都会出现快速增长。众所周知，瘤网胃的发育程度是衡量反刍动物生理健康的一个重要标准，犊牛瘤网胃的发育影响日后精粗料的进食量，进而影响生产性能。因此，犊牛幼龄时期不宜长期使用乳蛋白源的代乳品，从犊牛健康的角度来看，含有植物性蛋白的代乳品可能更有利于犊牛的良好生长。图2－2是利用体视镜对瘤胃上皮进行的观察，20%植物蛋白组犊牛瘤胃胃壁颜色稍浅，褶皱少且低，瘤胃乳头发育不充分，前背盲囊及后腹盲囊部位乳头发育尤其不足，呈圆锥状突起，瘤胃前庭及后背盲囊部位乳头有一定发育，呈指状，但目测长度较短；网胃网格结构可见，但网格较浅。80%组犊牛瘤胃颜色较深，且有较多的褶皱出现，瘤胃乳头发育较为充分，前背盲囊及后腹盲囊部位乳头均已开始发育，呈圆锥状，瘤胃前庭及后背盲囊部位乳头呈舌状或圆筒状，乳头长度较长；网胃网格清晰，颜色较深，蜂窝结构已经形成，增加了胃壁与胃内容物的接触面积，进而增加挥发性脂肪酸等营养物质的吸收机会，提高了犊牛消化利用能力。

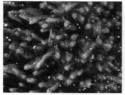

20%植物蛋白组　　　　50%植物蛋白组　　　　80%植物蛋白组

图2-2　不同植物蛋白比例代乳品饲喂下犊牛瘤胃乳头形态结构照片

那么植物性蛋白的代乳品的粗蛋白质含量应该设置在多少才更适合犊牛的生长发育呢？在对粗蛋白质水平18%、22%、26%的3种犊牛代乳品进行比较时，发现22%时犊牛对干物质、粗蛋白质的消化率最高，有利于犊牛瘤胃乳头的发育，及瘤胃内挥发性脂肪酸的产生，促进瘤胃生长和消化功能，因而有利于犊牛的生长（表2-7）。

表2-7　代乳品粗蛋白质水平对哺乳期犊牛生长性能的影响

项目	代乳品粗蛋白质水平	日龄（天）			
		1	11	31	61
体重（千克）	18%	42.50 ± 7.00	44.83 ± 6.33	47.37 ± 6.02	57.47 ± 7.62
	22%	44.50 ± 4.36	48.50 ± 3.46	52.10 ± 2.69	60.93 ± 5.60
	26%	45.40 ± 1.39	48.37 ± 1.45	49.43 ± 2.57	58.63 ± 4.50
体直长（厘米）	18%	61.67 ± 1.16	63.67 ± 1.16[a]	65.00 ± 1.00[b]	71.33 ± 2.52
	22%	61.67 ± 2.52	61.33 ± 0.58[b]	68.00 ± 1.00[a]	74.00 ± 1.00
	26%	60.33 ± 1.16	62.67 ± 0.58	65.67 ± 0.58[b]	73.67 ± 1.53
体斜长（厘米）	18%	67.33 ± 2.52	69.33 ± 2.52	70.67 ± 1.16	76.67 ± 2.52
	22%	67.33 ± 3.06	66.33 ± 2.31	73.67 ± 2.08	78.33 ± 2.52
	26%	64.33 ± 0.58	67.67 ± 0.58	71.00 ± 1.00	77.67 ± 1.53
体高（厘米）	18%	72.33 ± 1.53	76.00 ± 2.65	80.67 ± 2.08	83.00 ± 2.65
	22%	72.67 ± 0.58	77.33 ± 1.16[a]	82.00 ± 1.00	83.33 ± 1.53
	26%	73.00 ± 0.00	73.67 ± 0.58[b]	82.00 ± 0.00	82.67 ± 0.58

（续表）

项目	代乳品粗蛋白质水平	日龄（天）			
		1	11	31	61
胸围（厘米）	18%	82.67 ± 4.73	83.00 ± 5.29	86.00 ± 3.61	93.00 ± 2.00
	22%	82.33 ± 3.79	85.00 ± 2.65	86.00 ± 4.58	94.67 ± 4.16
	26%	83.67 ± 1.53	85.67 ± 1.53	83.33 ± 1.53	93.33 ± 2.52
管围（厘米）	18%	12.00 ± 0.50	12.50 ± 0.50	13.33 ± 0.29	12.67 ± 0.58
	22%	11.83 ± 0.76	12.50 ± 0.50	12.67 ± 0.58	12.67 ± 0.58
	26%	11.83 ± 0.29	12.33 ± 0.29	12.50 ± 0.00	12.93 ± 0.12

注：数据表示方法为平均数 ± 标准差

　　犊牛代乳品中3种氨基酸的限制性顺序均为赖氨酸、蛋氨酸、苏氨酸，三者对增重的适宜模式为100∶35∶63，对饲料转化效率的最佳模式为100∶26∶56，对沉积氮的最佳模式为100∶23∶54。代乳品中添加赖氨酸、蛋氨酸、苏氨酸可以减少犊牛氮的排放，提高氮利用率和干物质、有机物、粗脂肪的消化率。

　　因此，犊牛代乳品适宜的粗蛋白质水平可在22%，植物来源的蛋白质可占代乳品总蛋白质含量的50%，而氨基酸模式可为赖氨酸∶蛋氨酸∶苏氨酸 = 100∶（23～35）∶（54～63）。读者在购买犊牛代乳品时，可问清上述营养成分含量。

　　2. 能量和脂肪水平

　　新生犊牛体贮能量不足，合理营养素供给对犊牛的生长发育有很大的影响，其中确保哺乳期犊牛的能量供给十分重要。目前在奶业发达的国家，一般将代乳品的脂肪水平定为10%～20%。我国对犊牛能量需要的研究还处于起步阶段，同时由于在遗传潜力、原料种类、饲养水平和环境条件等各方面都与国外存在较大差异。中国农业科学院饲料研究所试验证实，代乳品总能水平在18.51兆焦/千克、19.66兆焦/千克、20.80兆焦/千克（表2-8）下，3组犊牛饲料日进食量分别为706.9克、666.9克和569.3克；10～60日龄的平均日增重分别为499克/天、544克/天和488克/天，中能量组犊牛日增重、体高、体斜长及管围显著高于其他两组，有机物、粗脂肪、粗蛋白质和能量的表观消化率也较高。因此认为，犊牛代乳品适宜的脂肪含量为 13% 或消化能为 15.50 兆焦/千克。

表 2 - 8　代乳品能量水平对犊牛 10 ~ 60 日龄阶段日增重影响

日龄	日增重 （克/天）					
	10 ~ 20 日龄	20 ~ 30 日龄	30 ~ 40 日龄	40 ~ 50 日龄	50 ~ 60 日龄	总平均
低能量	221.75	-129.50[a]	946.75	677.25	778.75	499.00
中能量	117.50	278.75[b]	536.25	1028.75	757.50	543.75
高能量	78.25	240.25[b]	689.00	815.00	616.25	487.75

三、代乳品产品的质量标准

随着代乳品应用面的扩大，对代乳品产品的质量控制也引起了大家的关注。因此，我国在 2006 年年底颁布了《犊牛代乳粉》国家标准（GB/T 20715—2006），其中对犊牛代乳粉的质量做了一系列要求。代乳粉的感官应为淡奶油色粉末，色泽一致，无结块、发霉、变质现象，具有乳香味；粉碎粒度需要 100% 通过 0.42 毫米（40 目）分析筛。过 0.2 毫米（80 目）分析筛，筛上物小于等于 20%。卫生指标必须符合表 2 - 9 的要求，营养成分及指标要符合表 2 - 10 的规定，而维生素和微量元素的推荐量见表 2 - 11。

表 2 - 9　我国犊牛代乳品卫生指标

项目		指标
总砷（毫克/千克）	≤	0.3
铅（毫克/千克）	≤	0.5
亚硝酸盐（以亚硝酸钠计）（毫克/千克）	≤	2
黄曲霉毒素 B_1（毫克/千克）		不得检出
霉菌（CFU/克）	≤	50
致病菌（肠道致病菌和致病性球菌）		不得检出
细菌总数（CFU/克）	≤	50 000

表 2-10　我国犊牛代乳品主要营养成分及指标

项目		指标
水分（%）	≤	6
粗蛋白质（%）	≥	22
粗脂肪（%）	≥	12
粗灰分（%）	≤	10
粗纤维（%）	≤	3
乳糖（%）	≥	20
钙（%）		0.6～1.2
磷（%）	≥	0.6

表 2-11　我国犊牛代乳品矿物元素含量推荐值

项目		指标
镁（%）	≥	0.07
钠（%）	≥	0.40
钾（%）	≥	0.65
氯（%）	≥	0.25
硫（%）	≥	0.29
铁（毫克/千克）	≥	100
铜（毫克/千克）	≥	10
锰（毫克/千克）	≥	40
锌（毫克/千克）	≥	40
碘（毫克/千克）	≥	0.5
钴（毫克/千克）	≥	0.11
硒（毫克/千克）	≥	0.3
维生素		
维生素 A（国际单位/千克）	≥	9 000
维生素 D_3（国际单位/千克）	≥	600
维生素 E（国际单位/千克）	≥	50
维生素 B_1（毫克/千克）	≥	6.5
维生素 B_2（毫克/千克）	≥	6.5
维生素 B_6（毫克/千克）	≥	6.5
泛酸（毫克/千克）	≥	13.0
烟酸（毫克/千克）	≥	10.0
生物酸（毫克/千克）	≥	0.1
维生素 B_{12}（毫克/千克）	≥	0.07
胆碱（毫克/千克）	≥	1 000

美国 NRC 也对犊牛代乳品的营养成分做了规定，具体请见表 2 – 12。表 2 – 13 列举了一些代乳品的配方例子。

表 2 – 12　美国 NRC 建议的代乳品营养成分

成分	NRC 标准	成分	NRC 标准
粗蛋白质（%）	22	硫（%）	0.29
消化能（兆焦/千克）	17.47	铁（毫克/千克）	100
代谢能（兆焦/千克）	15.73	钴（毫克/千克）	0.1
维持净能（兆焦/千克）	10.02	铜（毫克/千克）	10
增重净能（兆焦/千克）	6.44	锰（毫克/千克）	40
消化率（%）	95	锌（毫克/千克）	40
粗脂肪（%）	10	碘（毫克/千克）	0.25
粗纤维（%）	0	钼（毫克/千克）	—
钙（%）	0.7	氟（毫克/千克）	—
磷（%）	0.5	硒（毫克/千克）	0.1
镁（%）	0.07	维生素 A（国际单位）	3 784
钾（%）	0.8	维生素 D（国际单位）	594
食盐（%）	0.25	维生素 E（国际单位）	300
钠（%）	0.1		

引自《中国学生饮用奶奶源管理技术手册》（2006）。

表 2 – 13　犊牛代乳品配方举例

原料（%）	配方 1	配方 2	配方 3	配方 4
乳清蛋白浓缩物	44.5	7	9.2	—
脱乳糖乳清粉	10	10	10	8.5
乳清粉	25.2	50.8	49.8	46.5
大豆蛋白分离物	—	11.2	—	—
大豆蛋白浓缩物	—	—	15	

（续表）

原料（%）	配方1	配方2	配方3	配方4
大豆粉	—	—	—	33.8
脂肪	19	19.5	14.5	9.7
预混料	1.3	1.5	1.5	1.5
营养指标（%，以干物质为基础）				
粗蛋白质	20	20	21	24
粗脂肪	20	20	15	10
粗纤维	0.15	0.15	0.5	1
乳蛋白取代比例	—	50	48	70

引自 Tomkins（1999）。

四、代乳品的使用方法

1. 饲喂量和饲喂方式

代乳品饲喂量和饲喂方式对犊牛有较大的影响。代乳品的饲喂量对犊牛生长、营养物质的消化代谢、血清生化指标均有不同程度的影响，代乳品乳液的适宜饲喂量为犊牛体重的11.0%。本团队研究表明，与9.5%、12.5%饲喂量相比，11.0%组犊牛的平均日增重、饲料转化率都较好，对营养物质的消化率均略高其他组。而不同的代乳品饲喂方式对犊牛的行为有不同的影响，用奶瓶饲喂犊牛能有效降低犊牛非营养性吸吮行为和异常行为的持续时间。用奶瓶饲喂的犊牛摄乳时间均显著长于用奶桶饲喂的犊牛；单圈饲养的犊牛出现顶乳行为的次数较多，在第3周龄时，单圈组犊牛吸吮空桶/吸舔乳头的时间显著长于合圈组。用奶桶饲喂的犊牛表现出较长时间的吸吮栏杆、相互吸吮颈部和耳朵。代乳品饲喂方式对犊牛的摩蹭栏杆、自我修饰、嗅地、躺卧以及合圈组犊牛的嗅其他牛、社会修饰等行为有一定的影响，但持续时间均较短。

犊牛可以在吃完初乳后即可采食代乳品。从图2-3的结果可以看出，在初生犊牛进食5天初乳后，利用代乳品替代牛奶饲喂犊牛，不影响犊牛的增重，同时体尺发育也没有受到影响。

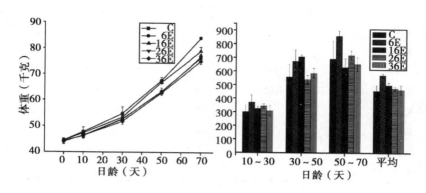

图2-3　不同日龄以代乳品替代牛奶，犊牛的体重
（左图）和日增重（右图）

图2-3中，横坐标为日龄，C为对照组，饲喂牛奶；6E、16E、26E、36E为分别在6日龄、16日龄、26日龄、36日龄时以代乳品替代牛奶。

2. 代乳品乳液的配制方法

将1份犊牛代乳品兑5～9份温开水（开水晾凉到50～60℃），搅匀，待代乳液温度降到40℃以下（36～38℃）时，用奶瓶或奶盆饲喂犊牛。饲喂过程中需要准备的物品主要有：量杯（带有克数刻度）、塑料桶（半透明，精确划定刻度—以升为标准）、开水（热、凉）、温度计（测量准确）、塑料奶瓶或烧杯（标有刻度）、小塑料或铁桶（保证清洁）。

实际生产中，应根据犊牛补饲固体饲料的实际情况调整代乳品用量。也可按照牛场现行牛奶饲喂量折算代乳品用量，即每日原牛奶饲喂量/8（或6～10）=现在每日代乳品干粉量。将代乳品与温开水以1:7（或5～9）比例配好后，乳液的量相当于原牛奶饲喂量即可。图2-4是配制程序的一个示例。表2-14至表2-16是几种饲喂方案，供读者参考。

图2-4　代乳品乳液配制程序示例

表2-14　犊牛代乳品的饲喂方案举例

日龄 （天）	饲喂次数 （次/天）	代乳品 每次喂量 （克/头）	代乳品 日喂量 （克/天）	代乳品液体+ 奶的每次喂量 [千克/ （头·天）]	开食料 饲喂量 [千克/ （头·天）]	粗料量 [千克/ （头·天）]
1	2	初乳	—	4+2		—
2~3	2	过渡乳	—	3	4日龄开食	
4	2	50	100	0.45+2.55		
5~6	2	120	240	1.0+2.0	—	
7	2	170	340	1.5+1.5		
8~9	2	250	500	2.2+0.75	—	自由采食
11~42	2	335	670	3	0.2~0.8	
43~49	2	275	550	2.5	1.0	
50~56	2	170	340	1.5		
56~断奶	2	50	100	0.5	1.5~2	

注：1. 初乳饲喂量中：4+2的意思是犊牛出生后半小时内，强制喂给该犊牛4升质量合格的初乳，之后6~8小时内再饲喂2升质量合格的初乳。初乳的饲喂量一般是体重的10%。

2. 6日龄及以后的饲喂量一栏中，"+"之前数字表示代乳品液体饲喂量，"+"之后数字表示鲜奶的饲喂量。

3. 开食料要少喂勤添，尽量减少粉状料出现在料槽中在保证犊牛健康成长的基础上，从人力、物力方面考虑，有的养殖场（户）选择每天 2 次饲喂犊牛，自犊牛出生后 3 天后开始饲喂代乳品，假设养殖场（户）每次用代乳品饲喂 10 头犊牛，具体过渡期、正试期及断奶期犊牛的饲喂规程见表 2 - 15。

表 2 - 15　代乳品饲喂规程［饲喂 2 次/（头·天）］

饲喂期	饲喂程序	每头犊牛代乳品饲喂量		每顿饲喂量（10 头牛的量）		
		上午（克）	下午（克）	代乳品（克）	冲泡代乳品的开水（升）	牛奶（升）
过渡期	第一天	0	50	500（上午为 0）	4.0（上午为 0）	26.0
	第二天	100	100	1 000	8.0	22.0
	第三天	150	150	150	12.0	18.0
	第四天	200	200	2 000	16.0	14.0
	第五天	250	250	2 500	20.0	10.0
	第六天	300	300	3 000	24.0	6.0
正式期	第一天	370	370	3 700	30.0	0
	第二天至开始断奶	370	370	3 700	30.0	0
断奶期	第一天	250	250	2 500	20.0	0
	第二天	150	150	1 500	12.0	0
	第三天	50	50	500	4.0	0
	断奶	0	0	0	0	0

表 2 - 16　代乳品饲喂规程［饲喂 3 次/（头·天）］

饲喂期	饲喂程序	每头犊牛代乳品饲喂量			早晨饲喂量（10 头牛的量）			中午	晚上
		早（克）	中（克）	晚（克）	代乳品（克）	冲泡代乳品的开水（升）	牛奶（升）	同左	同左
过渡期	第一天	50	50	50	500	4.0	16.0	同早晨	同早晨
	第二天	100	100	100	1 000	8.0	12.0	同早晨	同早晨
	第三天	150	150	150	1 500	12.0	8.0	同早晨	同早晨
	第四天	200	200	200	2 000	16.0	4.0	同早晨	同早晨

（续表）

饲喂程序 饲喂期		每头犊牛代乳品饲喂量			早晨饲喂量（10 头牛的量）			中午 同左	晚上 同左
		早（克）	中（克）	晚（克）	代乳品（克）	冲泡代乳品的开水（升）	牛奶（升）		
正式期	第一天	250	250	250	2 500	20.0	0	同早晨	同早晨
	第二天至开始断奶	250	250	250	2 500	20.0	0	同早晨	同早晨
断奶期	第一天	200	200	200	2 000	16.0	0	同早晨	同早晨
	第二天	200	0	200	2 000	16.0	0	0	同早晨
	第三天	200	0	0	2 000	16.0	0	0	0
	断奶	0	0	0	0	0	0	0	0

3. 饲喂代乳品需要注意的关键点

用代乳品饲喂犊牛具有贮存方便、取用方便、营养全面等优势，同时在奶价较高的时候能大量节省犊牛培育成本。但在使用中也需要注意以下一些问题。

① 每次饲喂时应严格按照事先确定的饲喂量进行，不可过量饲喂。并且每次饲喂时的饲喂顺序尽可能保持一致。饲喂将近结束时，应注意让犊牛将奶桶内的代乳品全部吃干净。

② 代乳品配制时所用的凉开水温度最好在 50～60℃。水温过高会破坏部分营养物质和活性物质；水温过低，不易溶解和搅拌均匀。

③ 饲喂给小牛时温度应该在 36～38℃，也就是用手摸温热但不烫手。温度过高会烫伤小牛口腔黏膜，温度过低易引起腹泻等问题，特别是在冬季。

④ 小牛出生后饲喂足量的初乳，然后逐步过渡到饲喂代乳品，过渡时间要求 5～7 天，逐步用代乳品替代常乳。过渡不要太急，犊牛需要适应新的饲料，过急容易造成腹泻。

⑤ 奶桶或奶嘴一头牛一个，注意煮沸消毒，避免疾病传播。

⑥ 代乳品要即冲即喂，不能预先用水泡料，也不要喂剩下的，

以防腹泻。

第四节 开食料

狭义的开食料专指犊牛饲喂液体饲料时补饲的精料。而广义的开食料泛指适用于犊牛断奶前后使用的一种特殊饲料。其特点是营养价值全面，易消化，适口性好。开食料的质量对于犊牛的生长和发育至关重要，目前生产中使用的开食料多数为颗粒状。

犊牛采食开食料有助于瘤胃乳头的发育。开食料中含有较多的易发酵碳水化合物及蛋白质，这些物质降解产生的挥发性脂肪酸是促进瘤胃乳头发育的主要物质，其中刺激瘤胃乳头发育的有效因子是丙酸和丁酸。由于粗饲料在瘤胃中发酵的产物约70%是乙酸，而精饲料发酵产生的丙酸比例较高，因此，精料在促进瘤胃上皮细胞发育的作用要大于粗料。但是，犊牛开食料的采食应受到控制。犊牛采食过多精料或精料粒度过细，可导致瘤胃乳头过度发育，乳头长度和宽度增大，细微的饲料颗粒黏附其间，形成结块及过度角质化，使瘤胃上皮细胞对挥发性脂肪酸吸收减少，影响生长性能。

犊牛从3日龄开始即可以训练采食开食料。开食料由谷物、蛋白质原料、维生素和矿物质等组成，开食料饲喂期从3日龄至12周龄。依据犊牛的消化生理特点和本地养殖的实际情况，根据饲养阶段和日增重，合理地选择多种饲料原料进行搭配，并注意饲料的适口性和消化性能。优质的开食料要能够刺激瘤胃早期发育，具有适口性好的特点，适于犊牛采食，并且营养成分与液体日粮相补充，增强犊牛生长发育和免疫机能。而犊牛采食固体饲料是刺激它瘤胃发育的首要因素。

一、开食料的组成和特点

犊牛开食料与成年后的精料在原料选择上有很多不同，最突出的一点就是非蛋白氮，在犊牛饲料中不能使用尿素等非蛋白氮类饲料原料。开食料的原料要求更加易消化。目前有两种开食料，一种是全价型开食料，另一种是谷物型开食料。全价型开食料可以包括也可以不包括粗饲料，但是含有纤维含量较高，各营养成分较为充足、平衡。犊牛开食料中应用具备的营养成分及其对犊牛的作用见表 2 - 17（参考 Charlton，2010），营养成分含量见表 2 - 18。

表 2 - 17　开食料营养成分及作用

所提供的营养成分	饲料原料种类	作用
碳水化合物	淀粉类：玉米，小麦，燕麦，大麦，稻谷等	给犊牛瘤胃中的微生物生长提供养分，同时在瘤胃中发酵产生挥发性脂肪酸（VFA），刺激瘤胃乳头发育
	糖类：糖蜜等	改善饲料的适口性，促进犊牛采食量。添加量不宜过高
蛋白质	豆粕、豆饼；菜籽粕、菜籽饼；亚麻籽饼粕；花生粕等蛋白质饲料	给犊牛提供生长所需要的蛋白质，尤其是多种组合下可保持氨基酸平衡，提高蛋白质消化率
纤维	甜菜粕，麦麸，米糠，优质草粉，干啤酒糟等	给犊牛提供可消化的纤维，促进瘤胃发育，刺激采食量。提供了足够的纤维下可不用再额外添加干草
矿物质和维生素	正规生产商生产的预混合饲料，或使用饲料级维生素 A、维生素 D、维生素 E、维生素 K、维生素 B_1、维生素 B_2、维生素 B_6、维生素 B_{12}、烟酸、泛酸、叶酸、胆碱，饲料级铁、铜、锰、锌、硒、碘、钴、镁添加剂等	保障犊牛健康生长，提高饲料利用率
其他添加剂	国家允许使用的药物饲料添加剂和其他饲料添加剂，例如，一些抗球虫药、益生菌、益生素等	促进犊牛生长和健康

表 2-18　犊牛开食料的营养成分含量

项目	指标
代谢能	13.8 兆焦/千克左右
粗蛋白质	18% ~20%
中性洗涤纤维（NDF）	13% ~25%
酸性洗涤纤维（ADF）	6% ~20%
干物质	≥88.0%

二、开食料的饲喂

1. 开始投喂的时间

犊牛出生后 3~5 日龄即可投喂开食料，直至 4 月龄即断奶后 6~8 周龄。具体采用哪种开食料，什么时间饲喂，都要看养殖场的实际饲养管理模式、干草投喂情况等而定。

2. 饲喂量

开食料的采食量受犊牛品种差异、月龄和体重体尺大小、饮水量多少的影响，同时也与犊牛液体饲料采食量多少有关。饮水量会直接影响犊牛对开食料的采食量，要不间断提供清洁的饮水，水料比例达到 4∶1 以上。

可以在犊牛断奶前，从 3 日龄起提供少量开食料，采食量逐步增加达到 0.5 千克/（头·天）左右即可以降低鲜奶或代乳品的饲喂量，直至犊牛连续 3 天开食料的平均采食量达到 1 千克/（头·天）后就可以断奶；断奶后开食料可自由采食，并逐步增加供给量，到 3~4 月龄采食量达到 2.5~3.0 千克/（头·天）。

3. 提高开食料采食量的方法

开始投喂开食料时，犊牛还不习惯采食，这时需要调教。可在犊牛采食了牛奶或代乳品后，用手拿着少量开食料放在犊牛嘴边，引诱它们采食，使之逐步适应开食料。犊牛习惯开食料后，每天要投放足够的新鲜、无污染的料，保证可自由采食。饲桶大小要合适，看看犊牛是否能够到桶底的饲料，还要保持干燥，否则开食料容易发霉变质。

　　特别要注意的是，一定要给犊牛提供足量、清洁的饮水。开食料或精料的采食量与饮水量有直接关系。

　　4. 开食料饲喂中的要点归纳

　　归纳来说，犊牛开食料饲喂中需要关注以下几个要点。

　　① 饲料原料组成。选择犊牛开食料，要注意其原料是否是优质原料。选择适口性好、营养成分合理、无污染物的开食料，同时硬度和颗粒大小适合犊牛采食。绝对不能饲喂污染的、霉变的饲料。开食料需要贮存在干燥、阴凉、无鸟害和鼠害的环境中。

　　② 饲喂量。开食料的饲喂量需要根据犊牛日龄大小、健康状况进行调整，随着犊牛的生长，逐渐增加饲喂量。犊牛开食料采食量连续 3 天达到 1 千克/头后方可实施断奶。

　　③ 饲喂器具。所有的料桶、水桶、饲槽、水槽都需要保持清洁，每天要清洗、消毒。要注意观察犊牛采食情况，特别是料桶高度，确保犊牛能够不费力就采食到饲料。

　　④ 饲养管理。饲喂开食料也需要定时。犊牛如果过于饥饿，采食时速度会很快，容易吃得过多而导致消化问题。仔细检查料桶料槽的位置，方便犊牛采食。

　　⑤ 饮水。给犊牛提供不间断的足量、清洁、新鲜的饮水是非常重要的。注意水的质量，水中微生物过多会引起犊牛疾病，同时让水和开食料分割开，不要弄湿饲料，也不要弄脏饮水。还有一点要注意的是，饲喂了牛奶和代乳品，也仍然需要提供饮水。水是保证牛瘤胃生长发育和发酵功能的重要因素。

　　⑥ 应激。饲养管理和饲养环境的改变都会给犊牛带来应激，例如，改变饲料、天气变化等，从而会影响犊牛健康。因此要坚持并建立稳定的饲养管理程序，任何改变都要缓慢、逐渐进行。将犊牛按照体重、体尺大小分组饲养，断奶后 2 周内不要转群。

三、开食料配方举例

目前，国内生产、销售犊牛专用开食料的企业有很多，养殖场可根据自己的需求选购。有条件时也可以自行配制。表2-19至表2-21列举了一些开食料配方，仅供参考。

表2-19 犊牛开食料配方举例A

项目	配方1	配方2	配方3	配方4	配方5
原料（%）					
玉米	45.0	47.0	53.5	50.0	50.0
豆粕	26.0	29.7	29.4	32.0	30.0
高粱	10.0	10.5	8.6	—	—
亚麻粕（渣）	5.0	—	—	—	—
小麦麸	4.6	3.4	1.0	—	15.0
苜蓿草粉	2.0	2.0	1.0	5.0	—
糖蜜	3.0	3.0	2.0	10.0	—
食盐	0.5	0.5	0.5	1.0	1.0
石粉	0.9	0.8	0.9	—	1.5
磷酸氢钙	1.7	1.8	1.8	1.0	1.5
矿物质混合剂	0.3	0.3	0.3	—	—
预混料	1.0	1.0	1.0	1.0	1.0
合计	100.0	100.0	100.0	100.0	100.0
营养成分含量（%）					
粗蛋白质	20.0	20.0	19.7	20.0	19.6
粗脂肪	3.8	2.9	2.9	—	3.0
粗纤维	3.6	3.4	3.0	—	3.7
粗灰分	6.4	6.4	6.2	—	—
钙	1.1	1.1	1.1	—	1.0
磷	0.7	0.7	0.7	—	0.7
可消化粗蛋白质	17.3	17.4	17.2	17.9	—
总可消化养分	75.1	74.2	75.0	75.0	—

引自《新编奶牛饲料配方600例》（2009）。

表 2 - 20　犊牛开食料配方举例 B

项目	配方 1	配方 2	配方 3
原料（%）			
玉米	40. 5	41. 0	45. 0
豆粕	30. 0	30. 0	25. 5
麦麸	5. 0	10. 0	10. 0
乳清粉	15. 0	9. 5	10. 0
磷酸氢钙	1. 0	1. 0	1. 0
石粉	1. 5	1. 5	1. 5
食盐	1. 0	1. 0	1. 0
预混料	1. 0	1. 0	1. 0
优质草粉	5. 0	5. 0	5. 0
合计	100. 0	100. 0	100. 0
营养成分含量			
粗蛋白质（%）	20. 1	20. 3	19. 2
粗脂肪（%）	2. 3	2. 5	2. 5
粗纤维（%）	3. 6	4. 0	3. 9
代谢能（兆焦/千克）	12. 1	12. 1	11. 8
钙（%）	1. 0	1. 0	1. 0
磷（%）	0. 7	0. 7	0. 7
干物质（%）	87. 8	87. 6	88. 3

引自《新编奶牛饲料配方 600 例》（2009）。

表 2 - 21　犊牛开食料配方举例 C

项目	配方 11	配方 12	配方 13	配方 14
原料（%）				
玉米（GB1）	40	40	41	40
菜籽粕（GB2）	19	10	20	—
苜蓿草粉（GB1）	15	15	15	15
花生粕（GB2）	9	18	—	18
葵花粕（GB2）	—	—	10	10
小麦麸（GB1）	8	8	10	8
糖蜜	5	5	—	5

犊牛早期断奶技术

（续表）

项目	配方 11	配方 12	配方 13	配方 14
石粉	1	1	1	1
磷酸氢钙	1	1	1	1
食盐	1	1	1	1
预混料	1	1	1	1
营养成分含量（%）				
干物质	87.8	87.8	87.3	87.8
粗蛋白质	18.7	19.8	19.4	19.9
钙	0.9	0.9	1.0	0.9
磷	0.7	0.6	0.8	0.6
粗纤维	7.5	7.0	8.4	6.9
粗脂肪	3.6	3.1	2.6	2.4
粗灰分	6.9	6.8	7.2	6.6

引自《新编奶牛饲料配方 600 例》（2009）。

第五节　粗饲料

　　给犊牛饲喂干草可促进瘤胃发育，防止舔舐异物。需要注意的是要给犊牛饲喂优质的干草，例如，苜蓿等。青贮饲料因酸度较高，而犊牛瘤胃尚未发育完全，无法消化利用，因此，对于小牛来说不太适合，可在断奶后逐步添加。3 月龄犊牛不喂或少喂 [1.5~2 千克/（头·天）]，4~6 月龄犊牛 4~5 千克/（头·天）。

　　关于哺乳期犊牛是否饲喂干草的问题，一直存在着争议。哺乳期犊牛瘤胃发育刚刚开始，对干草的消化能力很弱，无法有效利用。而也有试验中给犊牛饲喂牛奶 + 精料，比起饲喂牛奶 + 干草、只饲喂牛奶的两组犊牛来说，瘤胃乳头发育得更好，瘤胃壁颜色较深，证实了精料或开食料在瘤胃中产生的挥发性脂肪酸、特别是丁酸、丙酸对刺激犊牛瘤胃乳头发育具有积极作用。但这个试验也只证实了在促进哺乳期犊牛瘤胃发育上精料的作用高于干草，并不能证实干草的负面作用。曾有人认为，饲喂干草后会引起犊牛瘤胃损伤，但后来的研究推翻了这个观点。

添喂干草的犊牛可能会因消化道充盈度更高、更有饱腹感，而影响干物质采食量，从而降低日增重。但另一方面，犊牛的健康不仅仅依赖于饲料营养，动物福利与健康之间的关系也不可忽视。犊牛离开母牛后，单栏饲养或群饲，在心理上会产生紧张和应激，容易产生舔舐异物、互相吸吮等行为，特别是啃咬塑料膜等，异物进入瘤胃造成堵塞，引起腹胀甚至死亡，互相吸吮还会传染疾病或造成身体损伤。咀嚼干草给了犊牛一个玩耍和口部安抚的机会，有利于情绪稳定和提高舒适度。

第六节 饮 水

犊牛和后备奶牛的正确饮水非常重要，提供足量的饮水，可以保证犊牛机体正常含水量，可促进瘤胃发育，并有助于提早采食谷物开食料。

怎么才能合理供给饮水，如何确保饲喂干净饮水？在不同生长阶段，犊牛最佳的饮水方式是不同的。对于吃奶犊牛，水温要接近体温或牛乳的温度，32～38℃。犊牛每天饮水要至少20升，每次加水饲喂之前将水桶、水槽洗净，最好消毒、风干。正确的清洗水桶的方法是，先用温水（40℃左右）冲洗，接着用热的氯化漂洗液（60～70℃）清洗。然后同温度下用酸性消毒液冲洗，晾干。

例如，在6头犊牛合养的大圈里，刚断奶的犊牛（一直到10周龄）应该使用10升桶饮水。此阶段的犊牛饲养，这么大的水桶需要每天加水3～4次，每天清洗一次。水槽的清洗程序相对简单，可完全使用温氯化漂洗液冲刷。

较大的后备奶牛应饲喂连续流水，但仍需每周消毒3～4次。

最好的方法是用氯化消毒液刷洗。

无论哪一个生长阶段，都需要注意以下3点。

① 炎热的季节最好在中午左右加水。晚上饲喂牛奶或代乳品后要将水槽中残留清洗干净，然后再加满水。

② 寒冷的季节，水槽的水不要放置过夜，在每天中午将水槽剩余水倒掉后重新加满。

③ 处理废水最好的办法是把所有废水放在一个容器中，一旦加满就拖走。

犊牛饮水的其他信息，请见第二章第二节。

第七节　犊牛饲料中生长调节剂的使用方法

初生犊牛经历了巨大的生理和代谢转变，此时，犊牛对外界环境的适应和对疾病的抵抗力低，需要靠自身免疫力的提高度过这个关键时期，否则就会导致发病率和死亡率的提高，不仅直接影响到犊牛的生长发育，而且也影响其成年后的生产性能，给牛场造成很大的经济损失。营养和环境条件剧烈改变造成的应激，可使犊牛免疫功能下降，同时引起体内血液、内分泌和神经系统等发生一系列的变化，进而影响生长。近年来，行业技术人员就犊牛阶段的生长调节剂展开了一系列的探索，得出了既有实用价值又有理论意义的结果，酸度调节剂、微生态制剂、酶制剂、寡糖和多糖、天然物饲料添加剂等都被证明对犊牛的生长发育和机体免疫有积极作用。

一、酸度调节剂

犊牛腹泻是制约犊牛培育的一个关键因素，并直接影响奶牛业的发展。国内外技术人员对此进行了各方面尝试。酸度调节剂在猪、鸡生产方面的研究很多，人们发现它具有降低腹泻率、提高免疫力、改善生长性能的作用，用于犊牛生产中的效果是否一致呢？可否使用、如何使用酸度调节剂提高犊牛生长性能、保障犊牛机体健康？

酸度调节剂是用来调节饲料酸度（或 pH 值）的一类物质，其种类包括了有机酸、无机酸及其盐类和混合酸，主要有磷酸、柠檬酸（柠檬酸盐）、富马酸、乳酸、甲酸（甲酸盐）等。酸度调节剂的主要功能有 3 方面：作为保健促进剂，降低消化道 pH 值，抑制微生物生长；降低肠道 pH 值，提高消化酶活性；在代谢过程中提供能量来源。添加酸度调节剂可提高营养物质消化率，减少有害微生物的繁殖机会和有害产物生成，如添加延胡索酸、甲酸或盐酸可降低小肠、胃或盲肠中的氨浓度；另外，胃肠道 pH 值的降低，以及有机酸特有的杀菌功能，也抑制了有害微生物的生长繁殖。酸度调节剂在实际应用中存在很大差异，这与其种类和添加量都有密切的关系。

调整代乳品 pH 值的研究始于 20 世纪 70 年代，最初是荷兰生产奶酪的一种副产品。在欧洲和美国，使用酸化代乳品饲喂犊牛已经很普遍了。饲喂酸化代乳品（acidified milk replacer）可能会使代乳品乳液的保鲜时间达到 3 天，同时阻止肠道病源微生物的快速繁殖，并大大增加采食频率，促进消化。总结国内外报道可知，在代乳品中使用酸度调节剂主要有几方面优势。

① 防止代乳品乳液酸败变质。

酸化的最大好处是可以防止酸败变质，使代乳品乳液保存 3 天左右，从而节省劳力。国外 1987 年使用了 pH 值为 5.27 的酸化代乳品，以一天饲喂两次常规代乳品为对照组，发现自由采食酸化代乳品的犊牛，皱胃和粪 pH 值降低，而两种处理方式并不影响主要营养物质的消化率和可吸收氮存留率，因此，饲喂酸化代乳品可采用自由采食方式，并防止乳液变质。

② 降低胃肠道 pH 值，调节消化道菌群，从而降低腹泻发生率。

在酸化代乳品是在常规代乳品中添加甲酸，使乳液 pH 值降低到 4.8，犊牛采食后日增重、干物质采食量没有差异，饲料转化率较好，最为突出的是，4 ~ 17 日龄犊牛的粪便评分和腹泻天数降低。其原因可能是低 pH 值代乳品可降低犊牛消化道 pH 值，控制和降低了消化道内大肠杆菌的增殖，促进了其中乳酸菌的生长，表现出对消化道菌群的影响，从而降低犊牛的腹泻发生率，尤其是对 3 周龄以前的犊牛作用更加明显。

③ 改善饲料转化率，降低营养性腹泻发生率。

中国农业科学院饲料研究所证实，适当降低代乳品乳液 pH 值可通过改善犊牛血液指标、胃肠道黏膜形态和发育情况，提高犊牛对日粮部分营养物质的消化率，降低腹泻的发生，从而改善哺乳期犊牛生长性能。国外 Yanar 等给犊牛饲喂酸化代乳品（pH 值 = 4.8）后测定了犊牛体重、日增重、体长、体高、胸围、胸深，同时计算干草、开食料、代乳品采食量。试验证实酸化代乳品对以上指标皆无显著影响，但改善了 0 ~ 6 月龄犊牛的饲料转化率（酸化代乳品 pH 值为 4.25，常规代乳品为 4.86），腹泻天数占总天数的比例降低，其中，4 ~ 17 日龄从 14.10% 降低为 2.85%，4 ~ 35 日龄从 8.36% 降低到 1.65%。

国内外有关酸化代乳品的 pH 值及其饲喂效果见表 2 - 22，供读者参考。从这些资料中可以发现，犊牛采食添加酸度调节剂的代乳品后，除了大多腹泻率降低外，对营养物质的消化利用、日增重等指标的表现并不一致。究其原因，仍然是与酸度调节剂的种类不同、饲养环境条件不同、饲养管理水平和方式不同等有关。各种酸的相对分子质量大小、酸性强弱的不同，使用同等质量进行酸化的效果也会不同，单独使用某一种有机酸或者无机酸都有其不足之处，目前单胃动物生产中较常见的是采用复合酸。而在饲养环境较好、饲养管理水平较高的条件下，犊牛本身胃肠道发育、免疫能力都较为优秀，疾病发生率较低，此时添加酸度调节剂的作用就会不明显。

表 2 - 22 部分代乳品的 pH 值和添加的酸度调节剂种类

作者及年代	动物品种	代乳品 pH 值	酸度调节剂	效果
屠焰，2011	犊牛	5.0	甲酸、盐酸 等的复合酸	饲喂 14～28 天，提高 日增重，有降低腹泻率 的趋势，改善血气指标
Hepola 等，2007	犊牛	5.0	甲酸为基础 的防腐剂	犊牛饮水量减少
Yanar 等，2006	犊牛	4.8	甲酸	降低腹泻率
Güler 等，2006	犊牛	4.8	甲酸	降低腹泻率
Davis JJ 等，1998	山羊羔	5.2		保鲜 3 天
Sahlu 等，1992	奶山羊羔	5.2		可用以饲喂安哥拉奶 山羊
Jaster 等，1990	犊牛	5.3	柠檬酸	降低粪便评分
Erickson 等，1989	犊牛	5.45	苹果酸	N 存留率提高
Woodford 等，1987	犊牛	5.27		降低皱胃和粪 pH 值， 防腐
Nocek 等，1986	犊牛	5.2		
Netke 等，1962	犊牛	5.0	1mol/L 盐酸	对粪便 DM、日排粪量 和腹泻无影响

　　欧美常用的酸化代乳品的 pH 值大约在 5.2，其代乳品原料多为乳源性的，而添加的大多为有机酸，例如，柠檬酸、甲酸或者丙酸。含有乳糖的乳制品在动物胃肠道中可发酵生成乳酸，从而改善胃肠道酸度。我国由于乳制品原料来源不足，自行研制的代乳品原料不得不采用大豆、小麦等植物源性饲料，这些植物原料对代乳品、开食料的 pH 值和系酸力都有不同的影响，这也是饲喂植物源性代乳品时，犊牛对营养物质的利用率、生长效率等稍逊于乳源性代乳品的原因之一。在我国生产现状下，可借鉴国外生产经验以酸化手段来提高犊牛代乳品饲用价值，减少疾病发生，促进犊牛健康生长。与饲喂普通代乳品（乳液 pH 值为 6.2，对照组）相比，添加复合酸度调节剂将代乳品乳液 pH 值降低到 5.0，饲喂犊牛后，犊牛各阶段的日增重有所提高，其中 0～14 日龄、14～28 日龄、28～42 日龄、42～56 日龄分别提高了 5.6%、45.9%、11.9%、

5.8%，犊牛腹泻率降低了13.9%（表2-23）。

表2-23　代乳品中添加酸度调控剂后犊牛的增重、
采食量、饲料转化率和腹泻率（限饲）

项目		处理组	
		常规代乳品组	酸化代乳品组
始重（千克）		41.1±3.3	41.4±5.7
平均日增重（克/天）	0~14 天	137.5±60.2	145.2±46.5
	14~28 天	227.2±19.8[b]	331.4±37.3[a]
	28~42 天	505.4±67.9	565.5±62.7
	42~56 天	682.1±108.2	721.4±92.0
	0~56 天总平均	407.6±53.2	423.2±50.8
日均采食量（克/天）	0~14 天	498.8±37.0	489.0±64.5
	14~28 天	599.7±67.0	609.7±37.7
	28~42 天	937.7±50.7	1001.8±58.6
	42~56 天	1084.0±55.9	1136.7±80.6
	0~56 天总平均	786.8±34.9	801.1±53.8
饲料转化率 F/G	0~14 天	3.5±1.4	3.5±0.8
	14~28 天	2.6±0.3[a]	1.7±0.2[b]
	28~42 天	1.7±0.1	1.8±0.1
	42~56 天	1.6±0.2	1.7±0.2
	0~56 天总平均	2.2±0.6	2.0±0.2
腹泻率（%）		25.9±6.0	22.3±8.7

注：表中同行数据肩标小写字母不同者差异显著（$P<0.05$）。

二、微生物制剂

微生物制剂广泛用于猪和家禽营养与饲料中，主要作用归纳为，保持肠道微生态平衡、防治疾病、促进生长，同时净化环境、改善畜产品品质以及扩大饲料来源、提高饲料转化率。微生态制剂对反刍动物的使用效果尚存在着争议，而在犊牛阶段的试验研究更是最近几年才逐步开始的。就目前报道的试验结果分析，用于断奶前后犊牛营养与饲料中的微生态制剂主要有酵母及酵母培养物、芽孢杆菌（纳豆芽孢杆菌、蜡样芽孢杆菌）、乳酸菌等。

1. 酵母及其培养物

有报道认为，在断奶乳用犊牛日粮中添加 5 克/天的酵母可提高犊牛采食量和增重。相对而言，酵母培养物可能刺激犊牛瘤胃微生物生长及其活性，提高乳酸菌利用能力，并稳定高精料日粮下瘤胃 pH 值，提高营养物质消化率。有研究发现，在哺乳期犊牛日粮中添加 20 克酵母培养物可提高犊牛日增重 140 克左右，体长、胸围、管围、腰角宽等体尺的日平均增长量显著提高，粗蛋白质、能量和酸性洗涤纤维表观消化率提高。而对于断奶后犊牛（4～5 月龄），在精料中添加 1.5%、3% 的酵母培养物，犊牛日增重增长，干物质、粗蛋白质和粗纤维消化率提高。

酵母 β-葡聚糖在犊牛营养生理中具有积极作用。本团队发现，在早期断奶犊牛日粮中添加 75 毫克/千克的酵母 β-葡聚糖可显著提高犊牛日增重、饲料转化率和犊牛免疫能力，改善胃肠道健康，保证犊牛生长，并能在一定程度上替代或减少抗生素的使用。

2. 芽孢杆菌

芽孢杆菌在犊牛日粮中具有一定的作用。纳豆芽孢杆菌可以提高犊牛的日增重、饲料转化率以及降低断奶日龄。也有实践证明，在 90～180 日龄犊牛精料中添加 3×10^9 CFU/（天·头）、6×10^9 CFU/（天·头）的蜡样芽孢杆菌，断奶犊牛对粗饲料种类的选择性发生了变化，干草采食量明显提高而草颗粒采食量减少。

本团队从北京养殖场土壤中分离出一株枯草芽孢杆菌，与植物乳杆菌复合后饲喂犊牛，具有改善犊牛生长性能的趋势，并能减轻犊牛腹泻状况。而断奶后犊牛饲喂益生菌，能够改善断奶前期犊牛的饲料转化率，减轻断奶应激带来的不良影响，并能影响断奶后犊牛的瘤胃微生物区系。另外还证实，添加 10^{10} CFU/（天·头）的地衣芽孢杆菌也能够提高后备牛日增重和体长，降低腹泻发生率，但是对体高和胸围的影响不显著，这在一定程度上也说明了地衣芽孢杆菌可以使后备牛较早达到初配体重，但是并不会导致后备牛过肥。

3. 乳酸菌

在代乳品中添加乳酸菌，可提高犊牛早期对开食料的采食量，且有可能刺激了瘤网胃早期发育，因而使犊牛达到了更好的生长性能，改善腹泻情况和血液生化指标（表 2 – 24）。然而也有不赞同的意见，在新生犊牛代乳品中分别添加了 0.220 克/千克土霉素和 0.441 克/千克新霉素（A 组）、含乳酸杆菌和费氏丙酸杆菌的益生元添加剂（PB 组），与对照组（C 组）相比，犊牛腹泻、呼吸道疾病情况以及各项健康指标皆无显著差异，但 C 组犊牛腹泻较高。犊牛粪便中有益菌和致病菌数量也无明显变化，而与 A 组相比，PB 组犊牛粪便中乳酸杆菌数量有增长的趋势；同时 PB 处理组，2 周龄内犊牛粪便有益菌数量有所增长，2 周龄、4 周龄犊牛粪中 IgA 水平数值较高。各处理组指标差异不显著的原因可能在于，试验犊牛健康状况良好，因而添加益生素并无明显影响。

表 2 – 24　饲喂 10^9 CFU/千克体重乳酸菌犊牛的生长性能

项目	处理组		标准误	P 值
	对照组	添加乳酸菌组		
犊牛头数	8	8		
平均增重（千克/周）	2.7	4.9	0.10	0.002
总干物质采食量（千克/周）	8.145	11.476	0.0673	<0.001
开食料干物质采食量（千克/周）	3.793	7.060	0.0683	<0.001
饲料转化率	3.4	3.2	0.30	0.868
饮水量（升/周）	16.9	17.3	0.35	0.866
胸围（厘米）	82.6	84.8	0.20	0.079
体高（厘米）	84.7	88.3	0.31	0.059
粪便评分指数	0.628	0.570	0.0039	0.019

　　摘自 Frizzo 等（2010）。

三、酶制剂

在反刍动物日粮中添加外源酶制剂可增强对植物纤维素的消化

能力，提高反刍动物对饲料的有效利用。随着微生物学的深入研究，酶制剂的应用研究取得了极大的进展，但在生产中的应用效果受到多种因素的影响，如动物的品种、年龄、健康状况、养殖场的管理水平以及酶的使用方法和日粮类型等因素。

犊牛出生时，消化系统酶发育不健全，蛋白酶系尚未建立完全，淀粉酶活性较低。同时哺乳期犊牛缺少瘤胃微生物的帮助，仅靠自身产生的消化酶分解和消化营养物质。因而极易产生消化不良、生长发育受阻等现象。在日粮中添加外源酶制剂是提高犊牛饲料利用率的有效途径之一。研究表明，在犊牛 TMR 日粮中添加外源酶制剂可提高 3～7 周龄犊牛的干物质采食量，提高消化率，促进瘤胃发育，从而提高犊牛日增重。朱元招等（2001）在补饲不同配方酶制剂对公犊牛断奶后生产性能的影响研究中，在基础日粮中分别添加了 0.1% 的由纤维素酶、果胶酶、蛋白酶与淀粉酶组成的酶制剂 E1、由木聚糖酶、果胶酶、蛋白酶与淀粉酶组成的酶制剂 E2，与不加酶制剂的对照组相比，E1 组犊牛日增重提高 7.51%，料重比下降；E2 组增重提高 4.20%，料重比也下降。王力生等（2007）以 50 克/（天·头）的纤维酶、木聚糖酶、果胶酶、葡萄糖淀粉酶复合酶制剂饲喂哺乳期犊牛，提高了犊牛日增重，降低腹泻率。而在哺乳期犊牛日粮中分别添加淀粉酶、胃蛋白酶可显著提高日粮中淀粉的消化率，使用这两者的复合酶则可明显提高有机物、淀粉和粗蛋白质的表观消化率。也有学者认为，添加外源纤维素降解酶，对于自由采食的公犊牛，可获得更高的增重和更佳的饲料利用率，但对于限饲的后备母牛则没有显著影响。

四、寡糖和多糖

低聚木糖（Xylo-oligosaccharides）：有研究证实，在牛奶中分别添加 0、5 克/（天·头）、10 克/（天·头）低聚木糖（含量 > 35%），饲喂 7～60 日龄犊牛，其中，饲喂 5 克/（天·头）低聚木糖组的平均日增重显著高于其他两组，血清中低密度脂蛋白含量显著高于未添加组；添加低聚木糖可以降低犊牛血清中尿素氮含量，同时对血液 IgA、IgG、IgM 含量皆无显著影响，可能是通过降低白球比提高机体的免疫能力，犊牛腹泻得以抑制，腹泻指数依次为 3.8%、0.4%、1.9%。

甘露寡糖（Mannan Oligosaccharides，MOS）：报道显示，在给犊牛饲喂添加了 1 克/天 MOS 的牛奶，犊牛日增重有所提高，而 IgG、IgA 比饲喂普通牛奶者提高了 0.6% 和 22%。Terr'e 等（2007）则认为，在犊牛代乳粉中添加 MOS，可刺激断奶后开食料采食量，但并未显示出降低粪便中细菌总数和隐孢子虫发生的效果（表 2 - 25）。2010 年 Morrison 等同样在代乳品中添加 MOS［10 克/（天·头）］，也证实可提高犊牛的开食料采食量，改善腹泻状况，但对生长性能并无显著影响。

表 2 - 25　饲喂甘露寡糖对断奶前后犊牛生长指标和采食量的影响

项目	处理组		标准误
	对照组	甘露寡糖组	
断奶前，1~34 日龄			
初重（千克）	44.7	45.5	1.05
平均日增重（千克/天）	0.91	0.90	0.017
代乳粉干物质采食量（千克/天）	0.94	0.95	0.001
开食料干物质采食量（千克/天）	0.28	0.34	0.023
增重：耗料	0.74	0.70	0.010
断奶后，35~41 日龄			
末重（千克）	84.5	85.3	1.42
平均日增重（千克/天）	1.20	1.22	0.074
开食料干物质采食量（千克/天）	1.71	1.94	0.044
增重：耗料	0.66	0.59	0.033

壳聚糖（Chitosan）：壳聚糖是由甲壳素脱乙酰基后生成的一种天然来源的碱性多糖，是自然界中产量仅次于纤维素的天然产物，广泛存在于一些低等动物，尤其是节肢动物的外壳，以及真

菌、藻类、酵母等的细胞壁中，是一种纯天然的高分子活性直链多糖。壳聚糖具有无毒、无副作用，对环境无公害，可生物降解等特点。国内学者对壳聚糖在奶犊牛日粮中的应用研究结果表明，添加200毫克/天、400毫克/天、600毫克/天的壳聚糖，犊牛日增重有提高的趋势（400毫克/天组），腹泻率分别降低54.8%、62.9%、37.9%，而犊牛的日均采食量不受影响；犊牛血清IgG浓度随着饲喂剂量的增长而呈现降低趋势，饲喂200毫克时，犊牛20、30日龄时IgG浓度显著增加，而饲喂600毫克剂量时，犊牛血清IgG浓度显著降低。

乳果糖（Lactulose）：在给初生至15日龄之内公犊牛饲喂添加了乳果糖或金霉素的牛奶后，研究人员发现，乳果糖对犊牛淋巴细胞转化率有显著增强作用，同时提高了血液IgG含量，提高了免疫细胞的功能。

复合多糖：本团队（2010）研究蜂花粉及其多糖对14~70日龄犊牛生长性能的影响。代乳品中添加蜂花粉及其多糖可提高犊牛生长性能及对干物质和粗蛋白的表观消化率，改善饲料转化率和降低血清甘油三酯水平，并有提高血清总蛋白和白蛋白含量的趋势。蜂花粉添加量为25克/天或蜂花粉多糖添加量为5克/天水平时，犊牛生长性能和营养物质消化率有明显的改善。

五、天然物及其提取物添加剂

新生犊牛消化系统发育尚未健全，实际生产中往往会出现消化系统疾病，表现为腹泻。目前，人们对药物抗菌以外的其他方法较为关注，例如，通过日粮因素降低消化道疾病的发生、提高机体免疫力。试验表明，在鲜牛乳中分别添加2克/千克刺五加粗粉、1克/千克刺五加化微粉、1克/千克刺五加超微粉，饲喂8~28日龄饲喂犊牛，具有改善犊牛胃肠道微生物区系，提高机体抗氧化能力，提高免疫机能的作用。

另外，在犊牛日粮中添加大豆黄酮可提高犊牛体液免疫水平。

大豆黄酮主要存在于豆科植物中，目前对其在奶牛上影响的研究多侧重于泌乳牛阶段。对于 30～65 日龄犊牛来说，在全乳＋精料＋优质青干苜蓿的日粮基础上，每头口服 2.5 克/千克大豆黄酮后血浆 T3 含量、T4 含量、IgG 和 IgA 含量皆显著提高。

我国可以应用的天然物提取物种类丰富。也有人将富含石榴籽多酚的石榴提取物饲喂给 2～70 日龄犊牛，与正常饲喂的犊牛相比，精料干物质采食量和体增重在前 30 天中无明显变化，而在 30 日龄后则有所降低。70 日龄时饲喂 850 毫克/天、1 700 毫克/天五倍子酸当量石榴提取物的犊牛，其体重比正常饲喂者分别降低了 2.1%、5.1%。饲喂石榴提取物并不影响犊牛的血浆代谢功能、粪便形态、噬中性白细胞的吞噬和杀菌活性，但体外试验表明，血液单核细胞产生较多的淋巴细胞分泌细胞因子，表现出增加的接种疫苗抗原滴度。这些现象表明，饲喂石榴提取物影响了机体淋巴细胞功能。

犊牛是青年牛、成年牛的基础，犊牛的培育关系到成年泌乳牛的机体健康和生产性能，要培育高产稳产的奶牛，必须从犊牛及后备牛抓起。目前牛场的大量抗生素奶用于了犊牛培育，这将后备牛和成年牛的健康发育埋下安全隐患。犊牛的定向培育技术，包括日粮中生长调节剂的合理使用和搭配，开发新型饲料添加剂，从技术上杜绝抗生素的过量使用和滥用，保障犊牛健康生长，将迫在眉睫。我国有关犊牛日粮中生长调节剂的研究刚刚起步，涉及的范围及研究深度都有很大的发展空间。

第三章　犊牛的饲养管理

第一节　初生犊牛的护理

一、分娩与助产中对犊牛的护理

1. 产房设计

合理设计产房是非常重要的。犊牛一出生就会受到外界环境中微生物的影响和侵袭，因此，要求产房地面干净、无脏物、地面不易滑倒。产前几天，应当将临产母牛圈养在 14～18 平方米的圈栏中。设计成正方形的产房比狭窄形产房更便于母牛和工作人员的活动，并且在需要助产时便于操作。产房还应当便于清洗。

三合土地面比光滑的水泥地面更适合作为产房圈舍地面垫料，因为可以减少母牛发生意外滑倒的可能性。保持产房地面干燥也很重要，许多乳房炎是由于圈舍垫料污染（特别是木屑和锯末粉）引起的。此外，分娩时垫料、卧床若被粪便污染也容易导致子宫和乳房感染。同时，当母牛需要助产时，干草垫料不利于固定母牛，也不便于用水清洁。

2. 对分娩母牛的观察

母牛在分娩前几天应从牛群分出，进入产房，对出入产房的母牛应进行健康检查。产房必须干燥卫生，同时要加强围产期的护理。先将产房产栏彻底消毒，垫上清洁垫草，再将母牛小心牵入产栏中，此时必须注意看守，注意安静，不要惊扰母牛。

母牛分娩前会出现以下情况：① 乳房增大、膨满，乳头肿大变粗，皱褶消失，有的母牛乳房中自行流出初乳，乳头滴奶；② 外阴部肿胀，阴唇肿胀松弛，皱襞开展，松弛柔软，阴门裂拉长，尾根两侧凹陷明显，荐坐韧带松弛，行走时颤动；③ 精神不安，回顾腹部，站立不稳，后肢频频倒步，食欲废绝，有的牛尾高举，后躯向两侧扭曲，或于运动场内乱跑，起卧不宁；④ 排尿、排粪频繁，每次量少，粪便稀软，阴道内排出透明、胶冻样长条状黏液。

分娩前，要用2% ~ 3%的来苏水清洗母牛的后躯、外阴。对于正常分娩的母牛不得实施人工助产，如遇难产，应及时请兽医处理。

3. 分娩阶段

奶牛分娩过程分为3个阶段，在产犊时护理人员要密切关注。

第一阶段：子宫颈扩大，成年母牛这一阶段通常持续2 ~ 3小时，但头胎母牛会持续4 ~ 6小时。这一阶段由于催产素的释放以及羊水的压迫，子宫颈将不断扩大。注意羊水的过早破裂会延缓子宫颈的扩大。

第二阶段：胎儿产出，这一阶段的特征是犊牛经产道产出。这时的犊牛仍被黏液包围，一旦犊牛通过产道，则犊牛的躯体和其他部分一般不难产出。这一阶段通常持续2 ~ 10小时。常见的错误是过早拖出胎儿的前腿和施行完全不必要的助产。

第三阶段：胎盘排出，犊牛出生后，子宫仍然持续收缩一段时间这种收缩将压迫胎盘与子宫分离。胎盘应在犊牛出生后12小时内排出。

4. 犊牛的助产

当确认母牛要产犊时，将牛放置于平整、干燥、清洁的地方；产床上应铺上厚厚的干净、柔软的褥草；准备好清洁的脸盆、毛巾、助产绳、剪等用品。

分娩是母牛的正常生理过程，通常无需人为干预。母牛分娩

时，应在外阴部见到胎膜后先检查胎位是否正常，如胎位正常
（前肢和头部在前）不必助产，使其自行产出。如胎位不正，要对
胎位进行校正，校正时一定要先将胎儿推回子宫，校正为正常胎位
（不同胎位分娩图见图3-1），千万不要生拉硬拽。遇到难产及时助
产。胎位正常时尽量让其自由产出，不强行拖拉。犊牛出生后应立
即清除口鼻黏液，尽快使犊牛呼吸，并轻压肺部，以防黏液吸入气
管。接着，将犊牛的脐带在距离腹部10厘米处剪断，用5%的碘
酒浸泡1~2分钟，进行消毒。犊牛身上其他部位的胎液最好让母
牛舔干净。

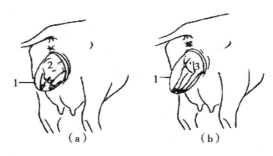

图3-1　不同胎位分娩图
（a）正常胎位　（b）逆产胎位

当需要助产时，可用1%来苏尔液洗净母牛的会阴部和后躯，
尾系于体躯一侧；当尿膜已破，羊水流出而阵缩与努责微弱，胎儿
已进入产道而产出延迟时，术者用手按压阴门上联合，另一个人拉
住两前肢和胎头，配合努责，慢慢拉出胎儿；当阵缩和努责强烈，
迟迟不见破水，或胎膜已破而迟迟不见胎儿先露或排出时，立即进
行产道与胎儿检查，确定胎儿方向、姿势和位置；检查产道的松软
扩张程度和骨盆变化，以判断是否有难产的可能，并采取适当术
式，将胎儿拉出，一般助产方法是采用牵引法：用助产绳拴紧胎儿
已露出部分，正生时，拴于两前肢球关节上。头部的固定是将绳由
两耳后穿过，绕过两侧面颊，绳结以单滑结在胎儿口中固定；倒生
时，拴于两后肢趾关节上。术者1人，助手2~3人，配合母牛的

努责，牵引助产绳，将胎儿拉出。

5. 难产的助产方法

难产是繁殖疾病中的一种。它是由于分娩过程中出现某些情况，导致胎儿本身产生问题，或因母牛骨盆腔狭窄，子宫或阴道结构异常，子宫收缩无力或异常所导致的一种疾病。在实际生产中，因胎儿较大导致难产的现象较为常见。根据疾病发生原因的不同，可将难产分为产道性难产、产力性难产、胎儿性难产几种，其助产方法如下（齐长明，2006）。

（1）产道性难产的助产方法　骨盆狭窄多采用前肢除掉法或头部切除法。方法为拉出犊牛的某一肢，尽量拉长，用刀切开皮肤，用自制剥皮推拉钩铲进行推拉剥皮后，用多人拉断肢体，使胎儿部分拉出，拉不出后进行碎胎分解。

子宫扭转首先采用保守的母体翻转法。方法是将牛侧卧后用长4米的木杆分别捆住牛的膝部，多人在木杆两头听从指挥翻动母牛，同时一人卧地，手入直肠搬动胎儿，抓住胎牛向母牛翻转的反方向搬动。

对产程长、水肿严重的病例，采用局部治疗及全身对症治疗的方法。保护好心脏，加强心利尿、消水肿的药物进行治疗。局部则用针刺水肿部位放出血水后用明矾粉末涂抹，再用酒精冲洗，对阴道黏膜采用安钠咖、克尿塞、速尿等药物注涂，待水肿消失后方可入手取胎儿。入手时涂抹润滑剂，并把母牛阴道各部位均涂到，手带胶管加注1%温盐水，待子宫壁松弛后进行牵引，对努责严重的牛可注射静松灵、846等药物缓解。

宫颈口开张不全，多采用人工扩张法、宫颈多点注射法、宫颈切开法。

（2）产力性难产的助产方法　对产力弱的母牛进行人工引产，及时拉出胎儿，较省时省力。

对产道干涩、胎水排尽、胎儿拉牵不动的可肌肉注射静松灵进行尾椎硬模外腔封闭。待努责时将手涂抹润滑剂伸入，分离胎儿与胎膜和子宫，温盐水缓解子宫的紧张性，缓慢拉出胎儿，防止拉断子宫颈。

（3）胎儿性难产的助产方法 对于腕部前置，如果胎儿一侧腕关节前置，先用手把胎儿前推，钩住蹄尖，上抬，使蹄尖伸入（产道）骨盆腔。如果是两侧前置，可按上述方法逐步去做。也可用绳子拴住异常肢的膝部，左手推前腿上端，向前、向上推动，右手拉动绳子，前腿即可伸入骨盆腔。要注意防止蹄子损伤产道。在头颈侧弯病例中，如果胎儿各部位弯曲程度不大，仅头部稍弯，可用手握住唇部，即可把头扳正。也可以用手拇指、中指掐住眼眶，引起胎儿反抗，头部即可自动转正。如果头颈弯曲程度大，须先尽力向前推动胎儿，在骨盆腔入口腾出空间，然后再把头部拉正。校正头部有困难时，可用产科绳打一活结，套在下颌骨体之后并拴紧，术者用拇指和中指掐住胎儿唇部向对侧压迫胎头，助手拉绳，将头部扳正。如果胎儿已经死亡，也可用长柄钩钩住眼眶拉出。

助产时要注意：① 为使胎儿肩部或髋关节宽度缩小，胎儿易通过产道，牵引时，应交替牵引两前肢或两后肢，不可同时用力拉紧两助产绳；② 胎儿通过产道困难时，应先将两前肢送回产道内，再拉胎头。当头娩出后，两前肢可利用产道和胎颈之间的空隙顺利被拉出；③ 胎水流出，产道干燥，可向产道内大量注入滑润剂如液体石蜡、肥皂水或淀粉浆，以润滑产道；④ 牵引时要与母牛阵缩、努责相配合，用力要缓，要均匀，不能强行硬拉；通过子宫颈、阴道时，要稍停留，使该部位扩张；⑤ 拉出胎儿后，要检查产道和母牛全身状况，有损伤、出血等，应及时处理，必要时向产道内投入抗生素。全身状况较差，体力消耗较大的情况下，可静脉注射 5% 葡萄糖生理盐水 1 000～1 500毫升。

二、出生后犊牛的护理

1. 清除黏液

当胎儿露出时，可以撕破羊膜接取羊水，但要注意不要过早破水。胎儿在破水后 30 分钟一般均能正常娩出。当胎儿头部露出外阴后，首先需要立即清除口腔内、鼻腔内及其周围的黏液，以免妨碍犊牛呼吸。

当犊牛已吸入黏液而造成呼吸困难时，可握住犊牛的后肢将犊牛吊挂并拍打其胸部，迫使犊牛吐出黏液。其次是清除犊牛身体上的黏液，以免犊牛受凉，特别是在气温较低的时候。如果是正常生产，母牛会舔去犊牛身上的黏液，而无需人为擦拭，这样有助于刺激犊牛呼吸，加强血液循环，并且由于母牛唾液酶的作用也容易将黏液清洗干净。为了使母牛更好的舔食，也可将麸皮擦遍犊牛的身体，以便更易舔净。

但对于人工哺乳的犊牛，一般不采用母牛舔黏液的方法，因为这样会造成母牛恋仔，增加挤奶的困难，为此用干草或干布擦净犊牛身体上的黏液为宜，以免犊牛受凉，特别是冬季寒冷时更应注意。

2. 断脐带

在擦净犊牛体表后，往往自然地扯断脐带。在未扯断的情况下，需在距犊牛腹部 6～8 厘米处用消毒过的剪刀剪断脐带，挤出脐带中的内容物，并用 5% 碘酊充分消毒，以免发生脐炎。脐炎的发生除因消毒不彻底外，还与犊牛趴卧地不清洁或者其他管理措施的不当有关，应及时消除被污染的垫草。

脐带约在生后一周左右干燥而自然脱落。如果发现脐带长时间不干燥并有炎症出现，则可断定犊牛发生了脐炎，有时是由于胎儿时期的尿细管在脐带断裂的同时，并未与脐带动脉退缩至腹腔内而附着在脐部，因而经常有尿液漏出所致。在多数的情况下，几周内即可自然康复，个别的需外科处理。

3. 驱使犊牛站立

犊牛出生后，要及早驱使犊牛站起走动，检查犊牛的身体状况。同时用温水或消毒液清洗母牛的乳房、后躯和尾部，然后清除粪便，更换清洁柔软的褥草。

4. 犊牛及时吃到初乳

犊牛出生后，应在 12 小时内吃到初乳，1 小时内能吃到初乳是最好的选择。吃初乳时，应让犊牛仰起脖子成45度角，这样初乳可以顺着食管沟直接进入皱胃，便于及时吸收初乳中的营养物质和免疫因子，预防因饲喂不当造成呛肺。也可采用人工灌喂的方法直接给犊牛灌服足量的优质初乳。饲喂初乳的特点和饲喂要点，在前两章中已有详细论述。

5. 建立犊牛档案

犊牛的称重应按育种和生产实际需要进行，将初生称重记入档案，对犊牛进行编号，编号应以易于识别和结实牢固为标准，一般采用耳标法和截耳法；同时绘制犊牛花片图，连同父母亲、祖父母亲号一同记入档案；外貌特征、出生日期、谱系等情况作详细记录，建立起该犊牛的档案，以便于管理和以后在育种工作中使用。准确地给母牛标记是配种、产奶记录，免疫接种的基础。标记分永久性和非永久性两种。永久性的有烙印（酸烙、碱烙、火烙及液氮冻烙）、照片、花纹图及耳印；非永久性的方法有颈圈、标记漆号。

为了使任何人都能识别牛，牛体上必须有明显的标号，并在1米之外能见到。主要是打耳号，打号的方法很多，常用的是塑料耳标，既经济又简单，购买后按说明书所指示的方法进行打耳标即可。耳标上书写耳号，要特别注意记号笔的质量，防止书写的耳号过一段时间就被涂擦不清。

为了更好地掌握犊牛生长的情况，建议有条件的牛场配备体重秤、测杖等器具，对小牛的体重、体尺（体斜长、胸围、体高等）进行定期的测量。因为犊牛好动不好固定，测量过程比较耗费人力，同时不断追赶犊牛也容易造成犊牛碰伤等问题，牛场可以选择合适的路线，建立犊牛通道，在通道中地面上埋设小型地磅或体重秤，在犊牛到达指定位置时，前后用栏杆围住犊牛，称量体重，同时也测量体尺。

6. 出生犊牛的日常管理

（1）犊牛舍卫生管理 出生后犊牛放在护仔栏内，出生期结束后转入犊牛舍。护仔栏和犊牛舍应保持干燥，并铺上干燥清洁的垫草，垫草应勤打扫、勤更换。犊牛舍内地面、围栏、墙壁应保持清洁和干燥，并定期消毒（夏季1周2次，冬季1周1次）。同时犊牛舍内应阳光充足、通风良好、空气新鲜、夏防暑冬防寒，防止过堂风。空气污浊、有过堂风穿过、炎热、寒冷等都会导致犊牛发生疾病。

（2）哺乳卫生管理　犊牛进行人工喂养时一定要注意哺乳用具的卫生。奶桶、奶盆、奶瓶、奶嘴等要一头牛一个，每次用后还要及时清洗、消毒。饲槽也应刷洗干净、定期消毒。每次喂奶完毕，用干净毛巾将犊牛口鼻周围残留的乳汁擦干，然后分隔犊牛约10分钟，防止犊牛之间相互舔食造成舔癖。规模化牛场可以建犊牛岛，避免犊牛相互吸吮的问题，可减少疾病传播，防止因相互吸吮造成的损伤。

三、初生犊牛特殊疾病的控制

俗话说初生牛犊不畏虎，但这并不是说初生牛犊什么也不怕。犊牛出生后，由于各种原因，往往会出现窒息、假死、便秘以及脐炎等各种病状，直接威胁犊牛的存活和健壮。因此，在犊牛出生后，千万不可掉以轻心，必须细心观察，发现病状及时、正确地处理。

1. 犊牛窒息

主要表现为刚出生的犊牛呼吸困难，或没有呼吸而仅有心跳。如不及时抢救，往往死亡。其产生的原因往往因为母牛分娩时间过长，犊牛在母体中因黏液和羊水的长时间堵塞而出现窒息病状。轻度窒息时，犊牛软弱无力，发绀，舌垂口外，口、鼻内充满羊水和黏液，犊牛喘气、呼吸障碍，有时张口呼吸，心跳和脉搏快而弱，喉、气管和肺部有啰音。严重窒息时，犊牛呼吸停止，呈假死状态，全身松软，卧地不动，反射消失，黏膜苍白，仅有微弱心跳。

凡是产程延长或通过助产产出的犊牛，均应立即倒吊，挤压胸廓和气管，将吸入的羊水和黏液从口腔和鼻腔排出，有条件的可进行输氧。还可使用刺激呼吸中枢的药物诱发呼吸反射，如用浸有氨水的棉花放在鼻孔上。为了防止肺水肿，可输注葡萄糖酸钙或注射速尿；为了防止酸中毒，可静脉注射 5% 碳酸氢钠 500 ~ 1 000 毫升。还可注射抗生素药物防止继发肺炎。

预防新生犊牛窒息，需要建立产房值班制度。不论母牛何时分娩，都要有人在旁观察和护理，尤其是对分娩过程较长、胎儿倒生、产力不足、产道开张不良等要及时助产。要提前做好接产、助产、胎儿护理的准备工作，不可盲目注射催产药物。

2. 便秘

便秘通常指犊牛出生后 24 小时内不排粪，且表现出不安、拱背、翘尾作排粪状等。严重时腹痛、食欲不振，脉搏快而弱，有时出汗。直肠检查，可以摸到干硬的粪块。犊牛发生便秘后，要及时用肥皂水灌肠，使粪便软化，以便排出。或者往直肠灌注植物油或石蜡油 300 毫升，也可热敷及按摩腹部，或用大毛巾等包扎犊牛腹部保暖减轻腹痛。

3. 脐炎

脐炎是犊牛出生后脐带断端感染细菌而发生的一种炎症。触及脐部时犊牛表现疼痛，在脐带中央及其根部皮下，可以摸到如铅笔粗的索状物，流出带有臭味的浓稠脓汁。重症时，肿胀常波及周围腹部，犊牛出现精神沉郁、食欲减退、体温升高、呼吸与脉搏加快、脐带局部增温等全身症状。防治方法是在脐孔周围组织发炎时，脐部先剪毛消毒，再用青霉素普鲁卡因注射液在挤乳周围皮下分点注射，并于局部涂以松馏油与 5% 碘酒等量混合剂。如有脓肿和坏死，应排出脓汁和消除坏死组织，用消毒液清洗后，撒上碘仿磺胺粉或呋喃西林粉以及其他抗菌消炎药物，并用绷带将局部包扎好。

4. 脐出血

新生犊牛脐带断端或脐孔出血，发生在出生后不久，在自行分娩的情况下比较多见，严重的可导致死亡。对脐带断端出血，可用碘酊浸泡一下脐带断端，再用浸有碘酊的细绳，在距离断端 2 ~ 3

厘米处结扎脐带；对脐孔出血，可用缝合线在脐孔周围做缝合，做好消毒措施。

第二节 犊牛饲养环境控制

一、圈舍条件

犊牛饲养圈舍，要求环境适宜，饲养设施符合犊牛的健康要求，与成年牛、病弱犊牛分离开，并能够保护犊牛免受极端气候条件如气温、风力的影响；没有应激的环境条件如干燥、没有穿堂风，并有足够的空间和新鲜的空气；饮水方便容易、采食时不容易发生拥挤竞争现象；具有良好的卫生条件，病原菌污染程度很低；容易管理和固定动物。

犊牛可以单独饲养，也可以群饲。单独饲养时使用笼或者培育房，其优点是易于饲养管理，减少疾病传播，方便安放和搬运，灵活性强。群饲则采用大牛舍，每栏可饲养 10 ~ 12 头犊牛，但是要注意每个房间不能超过 20 头，并以日龄大小分割开，可以促进犊牛早期的社会交往并有利于成年后的群饲环境。群饲需要的房舍面积较大，需要有较多的活动空间、犊牛饲养区，还需要有专门的饲料贮备空间，至少可以贮备 1 个月的饲料量，并设有饲料调配的地方。

1. 犊牛圈舍条件的重要性

设计合理的圈舍配合良好的管理对保证犊牛健康生长非常重要，给每头犊牛配备单独圈舍可以防止犊牛相互吸吮奶头而形成不健康的坏习惯，防止传染病（消化道、呼吸道疾病）的传播，便于测量食物消化量，能够最大限度地避免拥挤。

（1）圈舍结构 犊牛的圈舍不是简单地盖一个棚子，必须设计成空气流通、地面平稳而且有足够的活动与采食空间（图 3 -

2)。圈舍设计不合理或者是设计不方便会增加犊牛发病率和淘汰率。圈舍是工作人员管理和照料犊牛的主要场所，不仅要进行饲喂、供水、为畜床垫料，而且要经常观察犊牛日常活动。因此，圈舍设计不仅应当便于工作人员运输饲料、水和畜床垫料等物质，而且要便于清理粪便，并能确保犊牛和工作人员有足够的周转空间。

圈舍结构类型主要取决于当地气候条件。而气候受许多因素如经度、纬度以及是否靠近海洋等影响。极端的气候条件如温差大、风大、雨大和多雪均会造成犊牛的应激。将犊牛的应激控制到最低水平有利于提高犊牛对疾病的抵抗力，并且还可以促进生产潜力的发挥。饲养在恶劣环境条件下的犊牛不能发挥最高的生长潜力。

图 3 - 2　犊牛圈舍

（2）饲养密度　随着圈舍内犊牛数量增加，每头犊牛所能拥有新鲜空气会减少，与经空气传播的微生物接触的机会则增多，因此，患病概率特别是呼吸道疾病的概率增加。所以，保证每头犊牛有足够的空间和空气是封闭式圈舍健康养殖的关键。地处北方寒冷地区自然通风的犊牛圈舍至少应当保证每头犊牛有 6.5 ~ 7 立方米的空间。建议饲养密度不要低于：单栏饲养，每头犊牛 1.7 米 × 1.2 米，或 1.5 ~ 2.0 平方米；圈栏饲养，每头犊牛 1.2 米 × 2.4 米，或 2.0 ~ 2.9 平方米；群饲，每头犊牛 1.5 ~ 2.0 平方米；空气量，每头犊牛最低6~7立方米。

为防止圈舍过分拥挤，不但要保证圈舍设计合理，还要保证使用正确，一个饲养场在分娩高峰期季节所出生的犊牛数量也是圈舍所应容纳的最高犊牛头数，每头犊牛需要在单独圈舍中生活5~8周。圈养过犊牛的圈舍在圈养下一头犊牛之前要放空3周，这种做法主要为了减少病原菌的数量及疾病传播概率。

2. 犊牛围栏的应用

（1）犊牛围栏的作用 犊牛通常都是饲养在隔离间的牛床上或通道式的牛舍中，与母牛相处或相邻。夏天的下痢、冬天的呼吸道疾病是交叉感染的结果。犊牛出生后对外界寒冷已具备一定的抵御能力，随着成长、体温调节机能也日臻完善。外界气温在5℃时，在没有贼风与潮湿的环境中，在增加一定量能量饲料的前提下是可以适应的（一般增加15%~20%）。在犊牛抵抗病原菌感染能力还较弱的阶段，要注意切断感染源，使牛处于一种无污染、通风良好、保暖防暑的理想环境，可以提高育成品质和成活率。犊牛活动围栏（亦称散放围栏、犊牛岛）是目前符合上述条件的一种圈舍。

（2）犊牛围栏的结构 犊牛围栏的结构由箱式牛舍和围栏两部分组成，可以拆卸与组合，还可随意搬动。箱式牛舍由三面活动墙与舍顶合成，前面与围栏相通，箱体深2.4米，宽1.0米，前高1.2米，后高1.10米（这是平顶，也可以建成屋脊顶），围栏1.8米×1.0米×0.8米。

（3）犊牛围栏制造与使用要点 犊牛围栏这一设施是符合犊牛生理环境的产物。

建筑材料：目前国内多使用水泥板或铁板做墙体，瓦楞铁或石棉瓦为顶。这些材料对保温与散热有不足之处，应在瓦楞铁与石棉瓦下面增加一层衬垫，以防暑期阳光直射造成的辐射热（同时冬季也可保温），水泥板墙体中也同样应添加隔热材料增加保温性能。

结构角度：前檐高度（仰角）随当地纬度不同而变化，勿使立冬后的阳光射入量达到最大，仰角太大或太小均不利于舍内保温，它的作用类似于我国北方早春晚秋菜田的风障。

放置地点的选择：应与其他大牛舍有一定的有效防疫距离、地势高燥、排水方便（整体大面积不一定平坦），可以成排摆放，也可以错开摆放。夏天放在树林前面或树阴下、山坡上，总之要选择围栏前后有温差可以形成空气对流、有利于降低环境温度的地方。冬季放在背风向阳、背后有防风屏障的地方，有利于减小风速提高局部环境温度。坐北朝南一字排开的形式应因地势而宜，交叉放置时应随季节风向变化随时变化调整，不论做何摆放都要注意排水方向的一致性，以防污水乱流造成互相污染。也可以在大棚中设立犊牛专用围栏（图 3 - 3）。

图 3 - 3 犊牛围栏

3. 犊牛岛的应用

（1）结构特点 犊牛岛（图 3 - 4）已被证明是饲养犊牛的一种很好的方式。一头犊牛使用一个犊牛岛，常见的犊牛岛尺寸为 1.2 米×2.4 米×1.2 米。犊牛岛的一端敞开着，可以用铁丝等在外面围一活动区域供犊牛运动。如果没有危险，用绳等拴在犊牛岛外也可。除了前面和下面，犊牛岛的其他地方要封闭好，以防止冬季冷风吹进犊牛岛。在夏季可以在犊牛岛的后面打开一部分（最大开口为 15 厘米）以便形成纵向通风。也可以购买后面有门能关闭的犊牛岛。

图 3 - 4　犊牛岛

（2）构造与使用要点　市面上可以买到塑料或玻璃钢（玻璃纤维）预制好的犊牛岛。半透明材料做的犊牛岛在夏季切记要采用遮阳措施。夏季遮阳棚的建立对任何一种犊牛岛都能起到减轻热应激的作用。室内外放置犊牛岛的空间要足够大，以便能够进行犊牛岛的移动。

将犊牛岛的开口朝向南面或东面可以减轻冬季西北风的影响和白天太阳的暴晒。犊牛岛的数量要足够多，以保证在下一个犊牛使用前至少有两周的空置时间以减少疾病的传播。将犊牛岛放置在排水良好的地方，碎石和沙子地面可以为垫料提供很好的基础，可使犊牛岛在冬季不易被冻在地面上无法移动。在犊牛转出后，要将犊牛岛进行清洗和消毒，并将其放置在排水良好的地方以切断病原菌的生活周期，垫料要足够多，以保证犊牛的清洁与干燥，同时可以为犊牛充当与地面的绝缘材料。设计合理、管理良好的犊牛岛可以为犊牛提供优异的环境。

犊牛间之间有木板或其他固体物体来分割，犊牛间的前面有阻挡物，通常是铁丝网，这样可以防止犊牛间的直接接触，还能挡风。每个犊牛都是与其他犊牛分开的。在犊牛间的后部上方可以加遮盖物，这样能为犊牛提供更好的保护。

犊牛岛不仅仅可以直接购买，也可以根据牛场的实际情况自己设立、制作。材料可以是塑料或玻璃钢（玻璃纤维），也可以采用木料、砖瓦、钢铁等材料，因地制宜，降低成本。

二、环境控制

　　1. 单独饲养

　　将犊牛与成乳牛分开可以减少暴露在病原菌环境下的机会。犊牛断奶前最好饲养在封闭牛舍内的单个犊牛岛或栏中。犊牛很容易患呼吸系统疾病以及其他疾病。将2月龄内的犊牛放在清洁、干燥、没风、面积与垫料充足，有新鲜空气的设施内。犊牛间分割开来，以减少相互之间面对面的接触造成的疾病传播。断奶后可以移到小群牛栏中。

　　犊牛从出生直到断奶，建议始终在一个圈舍内饲养，其优点是：① 保持圈舍通风、空气新鲜、光线充足、运动自由，可增强犊牛体质，提高抗病力。② 犊牛始终单独饲养在牛栏内，避免了互相吸吮、接触的机会，减少了病原微生物的传播，可降低犊牛发病率。③ 保证每头犊牛的进食量，避免了相互抢食造成采食不均。④ 便于发现病牛，便于治疗和观察，对发病犊牛能起到隔离的作用。圈舍较小，便于清扫和消毒，有利于对疾病的控制。⑤ 圈舍结构简单，建设成本费用较少，一旦疾病暴发，圈舍被病原微生物污染，可将犊牛栏消毒后移植于新的场地，便于犊牛饲养地的更新。实践证明，合理的犊牛饲养环境控制，对于控制犊牛大肠杆菌的发生，降低犊牛脐带炎等，都起着重要作用。

　　2. 适宜的圈舍温度

　　新生犊牛的热量丢失非常严重，因为潮湿的皮毛不宜保温，如在寒冷的季节分娩，特别是风大的时候更是如此。一般来讲，温度低于10℃时，新生犊牛会有冷应激反应。因此，在寒冷的季节，圈舍应有一定的加热升温设备，如果犊牛皮毛已经干燥，就不需要持续加温。

正常情况下，动物从饲料中获得能量，其中一部分用来产热，这些热量主要用来维持体温。如果犊牛皮毛干燥，且没有穿堂风，即使在气温较低的条件下，犊牛的热量损失也不会太大，能够维持体温。如果犊牛能正常、健康吸吮牛奶，即使环境温度下降至 −8℃时，犊牛不需要大量消耗能量用以维持体温，可以饮食额外的牛奶补充能量，用来产热御寒。

3. 避免穿堂风

初生犊牛极易受穿堂风的影响，修建犊牛圈舍既要考虑通风良好，又不能有穿堂风，以免犊牛热量丢失过多。确定圈舍是否满足这一要求的简单做法是将手放在犊牛周围来检查是否有风，手背不感觉有风的情况下，圈舍内的风速一般低于 0.25 米/秒。

4. 合理的排水系统与畜床坡度

犊牛圈舍内配套的地面排水系统至关重要。尿液和污水及时完全地排走，以免浸湿畜床垫料，如果排水系统完善有效，可以少铺1/3 的畜床垫料。犊牛圈舍一般为水泥地面，并设计成一定的坡度，将畜床垫料铺在较高的地方，这样，污水和尿液会顺坡度流走而不易污染畜床。坡度小于 2.5 厘米/米时排水效果很差，而坡度大于 10 厘米/米时会使垫料滑落到排水沟中。为最大限度地减少污染发生的概率，排水沟应当修建在所有圈栏之外并可以直接流出圈舍外。

5. 舒适的垫料

可以用做畜床垫料的材料很多，如刨花、锯末、米糠、稻草、废纸、橡胶板或沙子等，畜床垫料主要有下列功用：能够吸收一定的水分，表面松软、有隔热作用，特别是在水泥或砖石地面的畜舍中。

三、极端环境的影响

新生犊牛对外界环境变化的抵御能力不足，环境对它们的影响较大。环境不适会导致犊牛患病、发育迟缓。在环境条件中有几个指标需要引起重视，一是热中立区，二是有效环境温度。热中立区是指犊牛可以在没有额外添加能量的情况下保持自身体温正常的环境温度范围。犊牛的热中立区在 10～26℃，10℃ 为低温临界点，26℃ 为高温临界点。有效环境温度表示的是犊牛实际感受到的温度，它与空气温度有区别，受到犊牛周围其他因素的影响。

牛对环境条件的承受能力受到很多因素的影响，比如品种、年龄、体尺大小、饲料采食量、皮下脂肪含量、皮毛的长度或厚度等。在寒冷天气下，相对于成年牛来说，犊牛每千克体重的体表面积更大，所以就会有更多的热损失，也就更加不耐冷。同时，为了维持体温，犊牛的维持需要量增加，也就降低了生长发育速度。另一方面，环境条件增加了犊牛的应激，影响了犊牛对饲料营养的消化率，从而导致疾病和生长受损。

1. 冷环境下的犊牛饲养

当环境温度低于 15℃ 后，犊牛会将能量从生长和疾病预防转移到保持体温。当环境温度长时间低于 4℃ 就会给犊牛带来冷应激。养殖者需要密切观察犊牛的表现，通过外观表现来判断犊牛是否太冷。表 3－1 列出了犊牛冷应激下的反应和养殖者的判断方法，天冷的时候读者可以自己对照表格进行检查。如果犊牛出现冷应激的表现，就要特别注意以下几个方面。

① 对新生犊牛要提供优质的初乳，并注意保暖。

② 对于饲喂代乳品的犊牛，需要增加代乳品的干物质含量、提高饲喂量，以提高能量的供给。

③ 给犊牛提供避风的棚舍，有足够的空间可以卧倒从而降低体表暴露面积。

④ 提供温暖的垫料，至少 90 厘米的干燥区域，垫上绝缘性能良好的垫料，使犊牛能够舒适地卧倒。

⑤ 饲喂温热的牛奶和水。犊牛喝到冷水或凉奶、凉代乳品，它们需要用体温将水和食物提高到 38～39℃，这就需要消耗能量，因此，要给犊牛提供与体温相近的温水和温奶。

表 3 - 1   犊牛冷应激的表现

犊牛的表现	给养殖者的提示	原因
颤抖	犊牛太冷	犊牛需要通过颤抖来激发肌肉活力，获得热量，从而增加体温。从饲料中给犊牛提供更多的能量，用于维持体温
被毛竖立	犊牛感觉到冷了	被毛竖立，增加了隔离层，保存热量
疾病暴发增加	犊牛免疫机能降低，有病原菌感染	空气质量差，犊牛易感染病原菌；犊牛处于能量负平衡，免疫机能降低
饲料采食量增加	犊牛在抵抗冷应激	温度降低时，犊牛为了维持正常体温需要增加能量摄入；限饲的犊牛会产生增重减缓现象；温度每下降1℃，干物质消化率降低0.21%，消化能力降低
生长速度或健康状况降低	饲料能量采食量不足，不能满足犊牛增加的能量需要	寒冷条件下，犊牛调用体脂肪来提供热量，能量需要量增加，因而提供的能量不足就会降低生长和健康

注：资料来源于 Charlton 等（2010）。

2. 热环境下的犊牛饲养

阳光直射在犊牛皮肤上，温度会比环境温度高 3～5℃，特别是深毛色的牛，从而导致体温升高。犊牛可通过出汗和呼吸排出热量，但由于高温下出现食欲减退、饮水量激增的现象，这都给犊牛的生长性能和健康带来了不利影响。这时需要增加圈舍通风量，从而降低犊牛体表温度。

高湿度也会增加犊牛热应激，适宜的湿度指数应该在72。

夏季，养殖者需要密切观察犊牛的表现，通过外观表现来判断犊牛感觉过热。表 3 - 2 列出了犊牛热应激下的反应和养殖者的判断方法。

表 3 - 2   犊牛热应激的表现

犊牛的表现	给养殖者的提示	原因
饮水量增加	饮水不足会导致犊牛快速脱水，水分和电解质（钠、钾损失）	犊牛通过喘气和出汗来降低体温。温度升高时水的需要量增加。例如，环境温度从20℃升高到30℃时，饮水量增加1升/天；当温度达到32℃时，饮水量会急速增长。同时，饮水充足才能保证固体饲料的消化

（续表）

犊牛的表现	给养殖者的提示	原因
没精打采，找寻阴凉处，宁可站着也不卧倒，喘气，出汗	测量体温（直肠温度高于 39.4℃），呼吸频率增加，大于 80 次/分钟	热应激导致犊牛内脏问题过高，达到危险水平；当直肠温度达到 42.2℃时，死亡率急速提高；湿度和温度过高，破坏了犊牛的降温机制，导致体温升高
疾病暴发增加，抵抗病原菌能力减弱	免疫机能减弱	血液中免疫球蛋白降低，抵挡感染能力减弱
饲料采食量降低，生长速度减慢	食欲不振	饲料采食量、能量利用率降低，导致能量维持需要量增加，犊牛调用额外的能量使自己降温；日粮消化率会降低，需要增加能量浓度来平衡犊牛的生长和降温需要

注：资料来源于 Charlton 等（2010）。

3. 实际应用

养殖者在冬季和夏季都需要密切关注天气预报，并提前做好准备，尽量减少冷、热变换给犊牛带来的应激和消化能力降低。具体的饲养管理要点见表 3 - 3。

表 3 - 3 犊牛冷、热应激下的饲养管理

项目	冷应激	热应激
圈舍	① 确保犊牛圈舍中有干燥、质量好、不被粪尿污染的垫料，保证良好的空气质量； ② 确保圈舍和垫料可隔绝冷空气； ③ 被毛清洁干燥下比污染潮湿时保温效果好，而垫料可减少直接接触地面造成热量损失	① 确保有遮阳设施，避免阳光直射； ② 促进空气流通，需要时刻使用电扇； ③ 尽量打开圈舍门窗
饲料和能量需要量	① 增加每日液体饲料饲喂量 30%～50%； ② 如果代乳品的脂肪含量 <15%，则更换高脂肪的代乳品； ③ 温度过低时，0～4 周龄犊牛的开食料采食量不足以维持生长，这时可提供高能高消化率的代乳品； ④ 确保代乳品的配制浓度正确	① 提供适量的新鲜牛奶或者代乳品来解决采食量降低问题； ② 确保代乳品配制的浓度正确； ③ 避免高温造成的脂肪酸败、霉菌生长； ④ 适量减少开食料采食量，保持瘤胃健康； ⑤ 保持提供足量初乳，提高免疫能力

（续表）

项目	冷应激	热应激
饮水	① 确保饮水清洁、新鲜、随时供应； ② 每天 2 ~ 3 次的温水供应可促进开食料采食量	① 确保饮水清洁、新鲜、随时供应； ② 提供 10 ~ 15℃ 的水，可帮助犊牛降温； ③ 定期清洁水槽，避免温水中滋生水藻
免疫	① 应激降低了免疫系统功能，抗病能力弱； ② 低温下免疫球蛋白（Ig）的吸收降低	① 低温下 Ig 的吸收降低； ② 高温会导致初乳品质降低，其中 IgG 和 IgA 浓度减少

注：资料来源于 Charlton 等（2010）。

第三节　哺乳期犊牛的饲养管理

评价犊牛饲养管理措施好坏的一个基本标准是看犊牛死亡率。刚出生的犊牛的免疫系统还不完全，很容易患各种疾病，若再加上饲喂不当、圈舍不卫生以及管理不足等问题，会使犊牛患病率增加，从而增加了犊牛的死亡率。一般来讲，出生 2 个月内犊牛死亡率最高，随年龄增长死亡率降低。死亡率低（小于5%）说明犊牛饲养措施得当，有助于增加盈利和加速畜群的遗传改进。如果犊牛死亡率高，淘汰畜群中不盈利奶牛的可能性降低。因此，犊牛的死亡率低是最理想的，不仅可以保障畜群可以得到足够的后备母牛数量，而且增加了可供选择的余地，并有额外犊牛可供出售。

一、哺乳期犊牛饲养的要点

1. 足量、优质的鲜奶或代乳品

饲养员需要仔细观察犊牛，根据生长、采食情况调整鲜奶或代乳品的饲喂量。太多易引起犊牛消化不良，造成腹泻；太少，则犊牛生长受到影响。

鲜奶和代乳品的质量非常重要。不要给犊牛饲喂变质、酸败、污染的鲜奶，代乳品需要现配现喂，剩余的要倒掉。

2. 足量饲喂饮水

饲喂犊牛除在奶中兑上适量温水外，平时还要保证供给充足的饮水。冬季饮温水，夏季饮清洁的凉水。饮水不足的犊牛喜卧少动，毛色不正，对草料摄取兴趣不足，尿少发黄，抵抗力下降。所以，在运动场要设有水槽，而且保持不断水。最忌犊牛干渴后暴饮，因为易导致水中毒，严重者还会出现死亡危险。

3. 及时饲喂开食料或精料

犊牛由依靠牛奶生存到以吃草为主是一个大的转变过程。草的投放方法要科学，重点是在粗饲料种类和质量上要进行合理安排。犊牛3周龄后应诱导犊牛采食优质干草，随着日龄的增加，逐渐增加投给量。8周龄前不宜多喂青贮和秸秆饲料。夏季可多喂青绿饲料或进行合理放牧，冬季最好喂一些胡萝卜、甜菜或其他根茎类的饲料。

开食料、优质的配合精料是早期代替牛奶的理想佳品，要避免那种只注意降低喂奶量，节约成本，而忽视补偿措施，从而造成犊牛不能饱腹或营养不足，致使犊牛出现体弱和成活率下降，甚至影响其终生的严重后果。

开食料的饲喂方式是，犊牛出生后第4天开始训练采食精料。根据犊牛的生长速度增加开食料，精料桶里必须24小时有精料，以备犊牛自由采食。

4. 精细饲养

给犊牛创造和提供一个舒适的自然环境。最好让犊牛单圈单栏，不要与不同月龄牛混养，否则出现大欺小、强欺弱，牛犊一定长不好。牛舍内保持通风透气（但要防贼风），室内干燥，温度要适中，冬天最低不能在 - 10℃以下，夏天最高不能超过30℃。作息时间要固定，不同季节安排不同的作业程序。饲养犊牛的人员要固定专人，以增强人畜亲和，减少应激影响。

人工哺乳和低奶量培育犊牛，饲料变化比较频繁，每次变换饲料都要有一个过渡期，使其习惯和适应新的饲料条件。犊牛出生后首先要调教吃奶，最好使用橡皮嘴奶壶。用小刀在橡皮奶嘴的顶端割一"十"字形裂口，犊牛吸吮时乳汁会流入皱胃。并且由于吸乳速度较慢，可以与消化液混合均匀，到皱胃凝结为松软的结块有利于消化。1周龄后的犊牛就要教会其习惯吃代乳料。其方法是往犊牛嘴里抹一点饲料面，或者在犊牛将吃完奶之前，往奶桶里撒一些精料，令其舐食，这样能促进犊牛早期采食精料，有助于早期断奶，实现由乳源性饲料向植物性饲料过渡。2～3周龄或者稍提早一点时间，要引导犊牛用奶桶饮乳。对不会在奶桶中吃奶的犊牛，饲养人员可采取将食指、中指伸入奶桶，两手指间分一缝隙，牛从此空间能连续吸奶后，慢慢把手指抽出，切忌粗暴地给犊牛灌奶或灌药。3周龄后要给犊牛放一些优质干草或青草，让它自由采食。

犊牛生后要及时填写好编号、初生重、血统来源、母牛分娩时间、有无异常等情况。7天后去角，最晚不能超过半个月。牛床密度要合理，每头犊牛占3平方米，4月龄后占4平方米。经常消毒，冬季每月至少进行1次，夏季10天1次。用苛性钠、石灰水或来苏尔对进行消毒。

5. 加强管理

1周龄内的犊牛对外界环境不利因素的抵抗力很弱，通常不要让犊牛到户外活动。7天以后到20天，可逐渐增加其户外活动时间，令其接触阳光和新鲜空气。20天以后可让犊牛整日在运动场内运动。当其身体强壮时可加大运动量，每日驱赶运动2～3次，每次30分钟。

刷拭对犊牛的健康和生长发育至关重要，可以促进皮肤末梢的血液循环，清除毛内皮屑及尘埃，防止体外寄生虫的侵袭，减少疾病。

犊牛出生后，一定要先用清洁的干毛巾揩去口鼻周围的黏液，用干草擦干身体，在离腹壁皮肤10厘米处将脐带剪断，用5%碘酊消毒。每次喂奶后要用毛巾把犊牛口鼻周围残存的乳汁擦净。注意牛群的行为、精神和粪便等。若发现被毛蓬松、散乱、垂头弓背、行走蹒跚，流涎咳嗽，叫声凄厉等，则是有病的表现。如见到粪便发白，变稀，腹泻如水、夹脓带血，往往是消化机能紊乱或感染其他疾病，应及时请兽医诊断治疗。3 月龄内的犊牛应坚持测温制度。

饲养员每日要对犊牛的粪便进行观察，也可以用粪便评分法来评分，记录在案，以评分来记录可以更加量化地反映出犊牛粪便的情况。表 3 - 4 是 4 分制的评分标准（Larson 等，1977），表 3 - 5 是一个 5 分制的评分标准，分数越低则粪便越硬，3 分及 3 分以上时记为腹泻。读者可按自己习惯选择使用。可以根据评分计算腹泻率和腹泻频率，公式为：腹泻率 = 腹泻头数/总头数 ×100%；腹泻频率 =Σ（腹泻头数 × 腹泻天数）/（犊牛头数 × 记录天数）×100%。腹泻率反映腹泻发病率，腹泻频率涉及腹泻犊牛的数量及腹泻持续的天数，反映腹泻的严重程度，两项指标结合使用，可较为全面地反映犊牛在记录期内的腹泻状况。

表 3 - 4　粪便 4 分制评分标准

外形	流动性	评分
正常	稳固但不坚硬，扔在地面或沉积后外形稍有变化	1
松软	不能保持外形，成堆但稍有松散	2
软膏	薄饼状，易扩散到 6 毫米厚	3
水状	液状，像橙汁，粪水有分离现象	4

表 3 - 5　粪便 5 分制评分标准

程度	外观	评分
正常	条形或粒状	1
正常	能成形，粪便较软	2
不正常	不成形，较稀	3
不正常	粪水分离，颜色正常	4
不正常	粪水分离，颜色不正常	5

6. 去角、去副乳头和刷拭

（1）去角　角是牛争斗的武器，争斗可造成牛的外伤。牛去角后易于管理，所以，在条件许可情况下应对牛进行去角（图3－5）。当前许多管理较好的牛场，对公母牛都进行去角处理，主要是避免有角的牛之间因打斗而受伤。尤其是泌乳母牛的乳房部位，不致被跟随的母牛顶伤，便于成年后的管理，减少牛体相互受到创伤。适应自由采食的设施，去角的牛所需的牛床及荫棚的面积较小，特别对于散放饲养成群饲喂的牛群，去角更为重要。去角的牛较安静易于管理。去角方法较多，去角应在犊牛出生后7～10日进行。常用的去角的方法有：苛性钠法，先减去角基部的毛，然后用苛性钠在减毛处涂抹，面积为1.6平方厘米。应用该法可以破坏成角细胞的生长，应用效果良好；电烙器法；将电烙器加热到一定温度后，牢牢地按压在角基部直到下部组织烧灼。具体操作如下。

① 苛性钾碱棒腐蚀：方法为把角基部四周的边毛剪掉，再用凡士林涂抹在犊牛的角基部周围，以防止涂抹的苛性钾液流入眼中。用碱棒的苛性钾（手拿部分须用布或纸包上，以免烧伤）涂布整个角基，在犊牛角的基部涂抹、摩擦、直至出血为止。以见到微血管血润为止，每天一次，大约1周可结痂。这种方法是破坏角的生长点，摩擦必须仔细进行，如涂抹不完全，某些角细胞没有遭到破坏，角仍然会生长出来，用此法去角，最晚不能超过20日龄。已进行去角处理的犊牛，在初期应与其他牛隔离，同时避免受雨淋，以免涂抹有苛性钾部位被雨水冲刷，使含有苛性钾的液体流入眼中。

② 用烙铁：方法为用加热至白热后的烙铁直接烧烙角基，然后去掉结痂，并在伤口处撒些消炎粉防止感染。操作中注意防止伤及皮肤及脑神经。

（2）去副乳头　奶牛乳房有4个正常的乳头，每一乳区一个。但有时有的牛在正常乳头的附近有小的副乳头，应将其除掉，其方法是用消毒剪刀将其从基部剪掉，并涂布碘酊等消炎药消毒。

（3）刷拭　要坚持每天刷拭犊牛皮肤，因为刷拭对皮肤有按摩作用，可以提高饲料转化率，有利于犊牛的生长发育。同时借助刷拭可保持牛体清洁，防止体表寄生虫滋生和养成犊牛驯良、与人

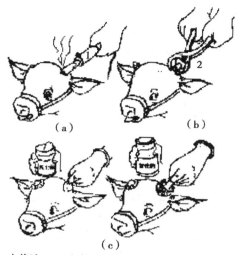

a.电烙法　b.去角钳夹除法　c.烧碱腐蚀法

1.电烙铁　　2.去角钳

图 3 - 5　犊牛去角方法

亲近的性格。

7. 卫生

犊牛饲料不能发霉变质，冻结冰块，不能含有铁丝、铁钉、牛毛、粪便和木片等杂质。夏天气温高，饲料拌水后放置时间不能太长。

保证犊牛不被污泥浊水和粪便污染，减少疾病发生。每天要刷拭体表 1～2 次。

人工哺乳时，奶及喂奶工具都要讲究卫生，每次用完的奶具、料槽、饮水槽等一定要洗刷干净，保持清洁，定期进行严格消毒。具体方法如下。

① 冲洗：使用温度稍高于体温的温水，不可以使用热水，冲掉表面的泥和残留奶。

② 清洗：使用热水，添加液态清洗剂和漂白剂或者固态含氯

清洗剂进行清洗。所有的表面都用刷子刷到，刷掉牛奶残留物。保持整个过程中水温在49℃以上。

③ 冲洗：使用加酸的温水冲洗容器。之后不要再用清水冲掉容器表面的酸液。让酸留在容器表面自然干燥（也可用酸性消毒剂）。

④ 干燥：将所有的容器倒置，使水流出而干燥。不要把桶一个叠在一个里边。不要把桶倒置在水泥地面上，应该放在干净的架子上。所做的这些工作都是防止在清洗后到使用前这段时间内，细菌在容器内壁增殖。

二、建议使用的哺乳期犊牛饲养管理程序

犊牛生长中，饲养管理程序对它的影响也非常大。下面列出了来自我国大型规模化奶牛养殖场的2套程序供读者参考，养殖场可根据自己的实际情况进行调整。

（一）饲养管理程序举例1

1. 犊牛出生0~1天的饲养管理

① 犊牛出生后1小时内一次性饲喂4~6升初乳，12小时内再饲喂2升初乳，要求初乳温度在39~40℃，直至24小时后开始常乳饲喂。初乳也可以使用导管灌服。

② 使用初乳质量测定仪测定初乳质量，主要是免疫球蛋白含量，坚持饲喂优质合格初乳（免疫球蛋白含量>50毫克/毫升）。

③ 体弱犊牛或经过助产的犊牛，第一次喂初乳时吸吮反应较弱，应在短时间内多喂几次，以保证必要的初乳量。

④ 喂完奶用干净毛巾把犊牛嘴四周擦干净。

2. 出生2~3天的饲养管理

① 可开始饲喂常乳，每天饲喂2~3次，每次各2~3升，保持每天6升以上。

② 在饲喂前检查是否有腹泻拉稀的牛，如发现腹泻的牛，全

天常乳饲喂量减半，并在常乳中加土霉素 1 瓶（1 克装）。

③ 饲喂时间要固定。

④ 牛奶温度需要在 39～40℃。

⑤ 3 日龄起，可提供优质干草（如苜蓿草）供犊牛叼玩。

3. 常乳（或代乳品）饲喂（4～45 天）

① 饲喂常乳 6 升/天以上，或者从第 4～第 5 天开始使用代乳品过渡。过渡方案参见第二章第三节代乳品中犊牛饲喂规程表。

② 可使用奶瓶或奶桶饲喂常乳或代乳品，乳液的饲喂量占犊牛体重的 10%～12%。

③ 在饲喂前检查是否有腹泻的牛，如发现腹泻的牛，常乳饲喂量减半，内加土霉素 1 瓶（1 克装）。

④ 全天在饲喂桶中放置开食料或谷物，少喂勤添，防止霉变。

4. 常乳（或代乳品）饲喂（46～55 天）

① 开始降低常乳或代乳品的饲喂量，4～5 升/天。

② 每天饲喂次数由原来的 2～3 次逐渐减少到 1 次，仅每日上午饲喂一次。

③ 加大开食料供给量，每天每头犊牛采食量应该达到 0.8～1.2 千克。

5. 常乳（或代乳品）饲喂（56～60 天）。

① 夏天（4～9 月）饲喂 3 升/天，冬天（10 至次年 3 月）饲喂 3.5 升/天，量逐渐减少。

② 全天只饲喂一次，仅每天上午饲喂。

③ 加大开食料供给量。

6. 断奶

给犊牛断奶需要注意以下问题。

① 犊牛连续 3 天采食开食料的量达到 1.5～2.0 千克/天时开始断奶。每天保持精料的新鲜，注意不能饲喂不合格的精料。

② 全天不饲喂常乳或代乳品，只饲喂开食料。

③ 犊牛断奶的标准除以上两点还要考虑犊牛断奶前的体重、身高、健康状况等，所以犊牛断奶是一个综合的指标。否则需要延

长哺乳期，不能一刀切。

④ 断奶后，观察 7～10 天将健康无病的小牛转入后备牛舍；病牛在治愈后才能转入育成牛舍。

有两种断奶方式。其一是突然断奶，即达到断奶条件后，突然性的停止饲喂代乳品或鲜奶，只提供开食料。其二是逐渐断奶，即每日鲜奶或代乳品的饲喂量在 7～14 天内逐渐减少，可用减少每次饲喂的量或饲喂次数来实现。例如，在完全断奶（8 周龄）的前 2 周开始，第 5 周龄，每天饲喂 2 次，每次 3 升奶；第 6 周龄，每天饲喂 2 次，每次 2 升奶；第 7 周龄，每天饲喂 1 次，每次 2 升奶；到第 8 周龄完全断奶。

断奶期间，为了减少对犊牛的刺激，不要转群、转圈，不要改变其他饲料，不要更换饲养员。给犊牛提供优质的开食料，自由采食；提供优质干草以刺激瘤胃发育，促进瘤胃乳头生长。同时要保持犊牛圈舍和垫料干燥、清洁。

7. 生长指标监测

犊牛出生、断奶时需要进行称重，进行生产监控，详细的称重原则如下。

① 初生犊牛：每头牛均进行称重。

② 断奶犊牛：对于一次性断奶 20 头以内的，必须全部称重，一次断奶犊牛数大于 20 头，抽检本次断奶犊牛数的 10%，要求抽检的牛数必须大于 20 头。

8. 犊牛舍日常工作

负责犊牛舍的饲养员要心细、有责任心，我们通常说，要像关照婴儿一样照顾好犊牛。饲养员每天需要做好以下工作。

① 饲喂牛乳或代乳品，按饲喂规程完成。饲喂过量导致消化不良、腹泻，少量会营养不良。

② 饲喂完巡圈，检查每头牛体质情况、粪便情况，及时发现问题，及时治疗。

③ 治疗按疗程规定每日完成，每天做好记录。

④ 清理牛舍、消毒、保持牛舍的通风。

⑤ 观察料槽和水槽，保持持续供应新鲜、清洁的开食料和饮水。

（二）饲养管理程序举例 2

北京首都农业集团曾制定了《高产奶牛饲养管理及饲喂工艺技术规范》，其中，有关哺乳期犊牛（0～60 日龄）的饲养管理包括如下。

① 新生犊牛在出生后 1 小时内应饲喂给初乳，饲喂量为 3～4 千克，温度为 38℃±1℃，持续饲喂 3 天初乳，3 天后饲喂普通奶或犊牛代乳粉。

② 犊牛出生一周后训练吃草料，逐渐增加草料喂量。

③ 哺乳期为 60 天，全期喂奶量 380～420 千克，每天饲喂 3 次，每次约全天喂量的 1/3。

④ 哺乳期犊牛喂奶量见表 3-6。

⑤ 犊牛出生后立即清除口、鼻、耳内的黏液，确保呼吸畅通，挤出脐内污物，在距腹部 6～8 厘米处脐，并用 5% 的碘酒消毒，擦干牛体，称重，填写出生记录，然后放入犊牛岛。

⑥ 犊牛出生 10 日内，打号、照相、登记谱系。

⑦ 犊牛出生 20～30 天去角，用电烙铁或者药物。

⑧ 犊牛出生后 2～3 周用剪刀剪去副乳头（在乳头基部剪去）。

⑨ 犊牛饲喂应做到"五定"：定质、定时、定量、定温、定人，每次饲喂奶后擦干嘴部。同时做到"四勤"：勤打扫、勤换垫草、勤观察、勤消毒。

⑩ 犊牛的生活环境要求清洁、干燥、宽敞、阳光充足、冬暖夏凉。哺乳期犊牛应做到一牛一栏单独饲养，犊牛转出后应对犊牛栏更换褥草、用浓度 2% 火碱彻底消毒。犊牛用具、饲槽保持清洁卫生。

根据饲养方案，到 60 日龄时，结束哺乳期。测量体重后转入断奶群，并做好断奶阶段的过渡饲养。

犊牛早期断奶技术

表 3 - 6　哺乳期犊牛喂奶量

日龄	喂奶量（千克/天）	总量（千克）
0 ~ 7	6	42
8 ~ 15	7	56
16 ~ 35	9	180
36 ~ 50	5	75
51 ~ 60	3	30
合计		383

第四节　断奶后犊牛和后备牛的饲养管理

一、犊牛的选择培育

1. 犊牛的选择

断奶后犊牛的饲养进一步影响牛群未来的生产情况和经济效益。犊牛的选留标准是：第一，犊牛健康、发育正常，无任何生理和其他缺陷；第二，犊牛出生重35千克以上，6月龄体重可达到152千克以上；第三，系谱清楚，繁育正常，三代系谱中无明显残疾史的奶牛后代；第四，留做产奶牛的犊牛，选育标准是，初产牛305天产奶量在7 000千克以上、经产牛305天产奶量在8 000千克以上的奶牛后代，年平均乳脂率在3%以上的奶牛后代。

乳用犊牛的培育是奶牛生产的第一步，培育好坏会直接影响到奶牛一生中生产性能的发挥，对乳用犊牛的培育应掌握以下原则：犊牛从其父母双亲处继承来的优秀遗传基因，只有在适当的条件下才能表现出来；通过改善培育条件，才能使犊牛得到改良，加快奶牛育种进度，提高整个奶牛群的质量；避免病菌的侵袭，感染呼吸道疾病，因此应加强护理，减少犊牛死亡，提高成活率，力争犊牛的100%成活率和健壮，增加牛群数量；合理使用优质粗料，促进犊牛消化机制的形成和消化器官的发育。在培育犊牛时，应在适宜的时期加喂干草和多汁饲料，以加强消化器官的锻炼，使其具有采食大量饲料的能力，使消化器官发育良好；尽量利用条件加强运动并注意锻炼泌乳器官、血液循环系统的发育，而且有利于锻炼四肢，防止蹄病，同时也有利于乳房及乳腺组织的良好发育。

2. 犊牛的培育

在犊牛培育工作方面，各地、各场有着很大差异。要注意更科学、更经济地培育好犊牛，确保犊牛充分地生长发育，以健康的体质进入之后的育成阶段，为成年后高产性能的具备和发挥打下扎实的基础。

奶牛业历来将 0 ~ 6 月龄称为犊牛，这不仅是统计上分类，也符合生理发育阶段上的分类。6 月龄作为分阶月，从 7 月龄起，牛前胃功能发育达一定程度，具备较多利用粗料的能力。现在，我们将 0 ~ 3 月龄称为犊牛前期，4 ~ 6 月龄划分犊牛后期。犊牛前期又分为哺乳期和断奶后两个阶段。这样细致分期分段是因为各期的饲养有不同的特点和要求。

二、断奶后犊牛的理想饲养目标

1. 断奶后犊牛的饲养目标

成功的饲养犊牛可决定奶牛一生的生产能力。理想的犊牛饲养目标是：犊牛的总死亡率低于 5%；产头胎时犊牛的生长、发育及体重均达到合适标准；生长发育充分并在 22 ~ 24 月龄时产犊，从而减少难产发生率，增加奶牛整个生产寿命的产奶量（泌乳天数增加，产奶量增加），减少饲养费用（包括饲料和劳力等），维持畜群规模所需要的犊牛数量少。

由于断奶后的犊牛在生理上最高生长速度的时期，在良好的条件下，以出生重为 43.5 千克的犊牛为例，其生长状况见表 3 - 7。而荷斯坦小母牛的生长目标应达到表 3 - 8 所显示的标准。

表3-7 初生至21月龄小牛的生长状况

月龄	体重 （千克）	日增重 （千克）	月龄	体重 （千克）	日增重 （千克）
初生	43.5	—	11	299.0	0.74
1	53.6	0.33	12	324.5	0.85
2	73.2	0.65	13	336.4	0.39
3	96.8	0.78	14	351.8	0.51
4	123.6	0.89	15	365.9	0.47
5	152.3	0.95	16	382.0	0.54
6	180.0	0.92	17	397.0	0.51
7	206.8	0.89	18	414.5	0.58
8	230.9	0.80	19	430.0	0.51
9	254.0	0.77	20	447.7	0.59
10	276.8	0.76	21	465.9	0.60

表3-8 荷斯坦小母牛培育目标

月龄	体重 （千克）	体高 （厘米）	腰角宽 （厘米）	月龄	体重 （千克）	体高 （厘米）	腰角宽 （厘米）
1	62	84		13	367	124	42
2	86	86	19	14	398	127	43
3	106	91	22	15	422	130	44
4	129	97	24	16	448	130	46
5	154	99	27	17	465	132	47
6	191	104	29	18	484	132	48
7	212	109	31	19	493	132	50
8	240	112	33	20	531	135	50
9	270	114	35	21	540	137	51
10	296	117	36	22	560	137	52
11	323	119	38	23	580	137	
12	345	122	40	24	590	140	

2. 断奶后犊牛理想生长速率

饲养犊牛成功与否取决于犊牛是否获得了理想的生长速率。犊牛的生长速率影响它的配种时间、产犊年龄、产犊难易程度以及整个一生的产奶量。各品种奶牛的理想生长率有一定差异，生长太慢和太快都不好。产头胎时犊牛生长发育充足且体重达到要求。犊牛生长太慢会推迟青春期、配种时间及产仔年龄，对经济影响极大。生长率太快，特别是在青春期之前（9～10月龄）会对产奶潜力产生副作用。犊牛的体重比年龄对繁殖能力（泌乳性能）的影响更大。无论年龄多大，当犊牛达到其完全成熟时体重的40%时就进入青春期。一般来讲，若小母牛达到其完全成熟时体重的60%就应当配种。头胎分娩后几天母牛体重应当达到其成熟时体重的80%～85%，产前几天头胎怀孕母牛的体重应当是其完全成熟时体重的85%～90%。

　　上述标准可应用于不同品种和环境条件，因为犊牛的体重只与其生理状态相关而与其特殊的环境条件无关。换句话说，当小母牛的体重达到其完全成熟时体重的80%～85%时就适合产第一胎，原因是小母牛已经发育完全，产犊时发生难产的危险性极低，同时达到这一体重的小母牛采食能力已经适应第一次泌乳时发挥最大泌乳潜力的需要。

　　从出生到第一次产犊时的年龄为小犊牛的生长期。小母牛饲养是否成功还不完全由母牛第一胎时的年龄决定，也由产头胎时的年龄和发育状况共同决定。在集约化饲养系统条件下，小母牛可能在20月龄时就可以达到其完全成熟时体重的80%～85%，并且符合产头胎的标准。然而，目前许多国家和地区的饲养条件的目标是保证小母牛在24月龄时产第一胎。

　　3. 第一次泌乳表现性能

　　第一次泌乳表现性能通常作为评价犊牛饲养成功与否的标准之一。但是母牛整个生产寿命期间的生产性能应当比第一次泌乳性能更重要。如果犊牛发育不足则在22～24月龄产头胎会增加难产的危险性并降低产奶量。小型品种的奶牛，如泽西奶牛和爱尔夏奶牛比大型品种的奶牛如黑白花奶牛和瑞士褐色奶牛的成熟要早。因此，小型品种奶牛产头胎的最佳年龄比大型品种奶牛要早1～2个月（即小型品种奶牛 22 个月，大型奶牛品种 24 个月）。产头胎年龄推迟会增加额外饲养月份的费用，增加不产奶天数从而使一生的总产量下降，因而为维持畜群规模增加饲养小母牛的费用，会减少奶牛场的总盈利。

三、断奶后犊牛的生长

哺乳期的终止并不意味着培育的结束，而在体型、体重、产奶及适应性的培育，较犊牛期更为重要。同时，在早期断奶的情况下，因减少哺乳量而对增重所造成的影响，也需要在这个时期得到补偿。发育正常、健康体壮的育成牛是提高牛群质量、适时配种、保证奶牛高产的基础。断奶后的犊牛很少有健康问题，这时需要确定的是采用最经济的能量、蛋白质、矿物质和维生素原料饲喂以满足动物的需要并获得理想的生长速率。

1. 牛体化学成分在生长过程中的变化

对断奶后犊牛合理的饲养，首先必须了解犊牛在生长过程中牛体化学成分的变化（表 3 - 9）。

表 3 - 9　牛体化学成分的变化

体重 （千克）	水分 （%）	脂肪 （%）	蛋白质 （%）	灰分 （%）
45	71.9	3.1	19.9	4.3
153	66.3	9.8	19.4	4.5
270	62.2	14.0	19.2	4.6
410	54.1	24.1	17.4	4.2

由表 3 - 9 可知，体重的增加并未引起牛体蛋白质和灰分在比例上的改变，而体脂肪的增加却是显著的，即伴随着生长，热能的需要量和蛋白质相比，相对逐渐增多。此外，在成长的过程中，骨骼的发育非常显著。在骨质中含有 75% ~ 80% 的干物质，其中，钙的含量占 8% 以上，磷占 4%，其他是镁、钠、钾、氯、氟、硫

等元素。钙和磷在牛乳中的含量是适宜的，但在断奶之后需从饲料中摄取。因此，在饲喂的精料中需添加1%～3%富含钙磷的饲料，同时添加1%的食盐。在粗饲料品质良好的情况下，不会因维生素的缺乏而影响犊牛的生长，如果粗饲料品质过于低劣，需要另外补充维生素。

2. 牛体生长情况

在6～9月龄日增重较高，利用此时期能较多利用粗料的特点，尽可能饲喂一些青饲料。不过在初期瘤胃容量有限，粗饲料不能保证满足牛生长发育的需求，因此，要根据不同的粗料条件喂以适量的精料，特别在要求一定的日增重时期更是如此。不同种类的青饲料会影响混合精料的配比，即使同类粗饲料也存在质量优劣的问题，要求精料的配比也不同。在这段时间的精料用量为1.5～3千克，视牛体重和粗饲料质量而定。

3. 体况评分（BCS）

生长是一个极其复杂的生命过程，可用体重升高及体尺增加，或是机体组织细胞的体积变大、增殖和分化来指示。影响犊牛和后备牛生长发育的因素很多，遗传和饲养管理是两个主要因素。中国荷斯坦后备牛的生长发育一般规律为，出生后体高的生长高峰出现得最早，体重的最晚；0～6月龄犊牛的生长强度依次为体重、体长、胸围和体高；6～14月龄依次为体重、胸围、体长和体高。同一生长阶段，各指标的生长发育强度也不相同，并随年龄的增长发生相应的改变。总的来看，后备牛的各项体尺和体重的生长强度随年龄增长而下降，以0～6月龄犊牛阶段为最大。后备奶牛的生长发育状况多用体况评分表示。一般依据视觉按5分制打分：1分表示过度消瘦，5分则表示过度肥胖（图3-6）。尽管体况评分带有主观性，但却是评估奶牛体能贮备的非常实用的方法（Edmonson等，1989）。

体况评分方法是从1到5分，以0.1分为梯度。不同的人评分会有差异，而且这个评分方式本身也是估计。在牛场中固定人员进行长期的体况评分，及时了解牛群的肥瘦，可以作为饲喂量和饲料

犊牛早期断奶技术

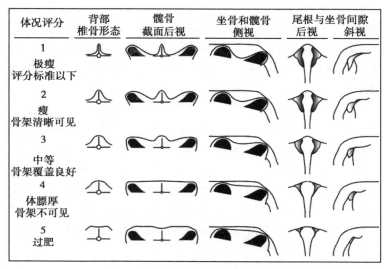

体况评分	背部椎骨形态	髋骨截面后视	坐骨和髋骨侧视	尾根与坐骨间隙后视	坐骨间隙斜视
1 极瘦 评分标准以下					
2 瘦 骨架清晰可见					
3 中等 骨架覆盖良好					
4 体膘厚 骨架不可见					
5 过肥					

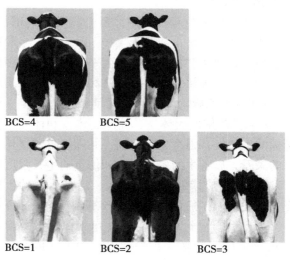

BCS=4   BCS=5

BCS=1   BCS=2   BCS=3

图 3-6　荷斯坦奶牛体况评分（李亮翻译）

营养水平的一个指示。小母牛的体况评分可用作对饲料能量供应状况的一个监测。太肥的小母牛脂肪在乳房沉积，会抑制泌乳细胞的形成。肥胖的小母牛生殖器官也会由于沉积脂肪而降低生殖能力和增加难产的可能。高孕龄的肥胖小母牛产犊时也会出现与成年母牛类似的代谢疾病。同时，与正常体况的健康小母牛相比，过瘦的小母牛也会出现繁殖与健康问题。一般来说，小母牛的体况评分会比成母牛略低。6 月龄以下的小母牛体况评分应当在 2.0 ~ 3.0 分，通常不应高于 3.5 分。稍大的小母牛体况评分推荐控制在 3.5 分，通常从 6 月龄到繁殖月龄理想的分数是 2.5 ~ 3.0 分。在产犊及产后不久，分数会逐渐由 3.0 分升至 3.5 分。由于怀孕后期是胎儿快速生长期，也要避免因小母牛过肥而带来的生产问题。有许多办法能帮助人们进行体况评分，以下是具体评分方法（Wayne Kellogg，李亮，www. idairy. net）。

1.5 分：椎骨从背上看去显得尖锐地突起，而且椎节与短肋骨一根根可清晰分辨，连接髋骨与坐骨同椎骨的韧带都很明显。髋关节皮肤凹陷，骨骼突出，尾根两侧也是深深凹陷。尾骨与髋骨之间还由于皮下脂肪不足而产生一些褶皱。这样的牛需要增肥。

2.0 分：椎骨清晰可见，但椎骨骨节不明显。短肋骨很清晰的一根根明显可见。髋关节部位下陷，髋骨与坐骨都明显可见，背部韧带也很清晰。大腿骨与骨盆之间的关节也是十分明显，但相对 1.5 分的牛来说要丰满一些。尾根部位可见由骨盆与大腿骨围成的陷窝。这样的牛太瘦，也许其健康状况很好，但很可能会因为体况差而影响繁殖与产奶量。

3.0 分：对于泌乳周期的大部分时间来说，这个分数是比较理想的。椎骨看起来很圆润，但脊柱还是能够看到。短肋骨上有 1.5 ~ 2.5 厘米厚的组织覆盖。肋骨的边缘比 2.0 分及 2.5 分要圆滑。背部韧带也是清晰可见，但表面的脂肪层让其外观更平滑。大腿根部的也有凹陷，但不像更瘦的牛那么深。尾根部还是有陷窝，但皮肤上不再有明显的皱褶。

4.0 分：牛看起来很丰满，背部基本是平的，就像桌面一样，短肋骨依旧像架子一样撑起来，但不是每根都可分辨，除非触诊。髋骨与坐骨上覆盖着明显可见的脂肪层，尾根也不再有陷窝。虽说许多养殖者希望他们的奶牛产犊时重一些，但英美等国的一些研究显示，肥胖的奶牛与瘦0.5分的奶牛相比，产后会失去更多体重，吃得更少，产后问题也会增多。

5.0分：脊椎及短肋骨此时是看不见的，用力触摸才能感觉得到。短肋骨下方的不再有明显凹陷，大腿根部也很丰满。坐骨看起来像球一样，髋骨周围也有厚厚的组织包围。脂肪堆积在尾根部位，凹陷小得跟酒窝一样。肥胖的奶牛患代谢疾病、蹄病的风险会增加很多。

四、断奶后犊牛的饲养

由断奶到一岁，是生长速度较快的时期，尤其是6~9月龄。断奶前后是育成牛生活上的一大改变，其营养来源由乳和混合精料转变为基本上以粗料为主的日粮。要注意逐渐过渡，还要充分利用消化器官发育快的特点。此时，粗料干物质可达到2.2~2.5千克（其中，1/2可用青贮、块根代替）。1千克干草约等于3千克青贮或5千克的块根，日喂混合精料1.5~2千克。夏秋季在放牧的情况下，还须补喂混合料1千克。

断奶后的年轻小母牛可分组圈养，开始时每组数量要小并主要根据动物的营养要求分组，每组中动物的大小和数量也取决于畜群数量和可利用的畜舍情况，除考虑年龄外，还应尽量将大小相近的小母牛分在同一组。

1. 断奶后犊牛的饲养（2~6月龄）

将一小组（4~6头）断奶后大小相近的犊牛放在一个畜栏内并保持与单独畜栏相似的特点，即清洁且干燥的垫草，通风良好，便于饮水和饲喂等。这种畜栏称为过渡期畜栏。有足够的管理空间让所有的犊牛同时采食是非常重要的，应避免犊牛因空间过小而发生抢食。通常2~6月龄的年轻小母牛的日粮应含粗饲料40%~80%，随着年轻小母牛的生长，可降低日粮中的蛋白质含量而提高纤维（中性洗涤纤维）含量。2~6月龄小母牛的日粮中不应含有低质量的粗饲料，若用低质粗饲料饲喂年龄稍大些的小母牛，日粮配方中应补足够量的精饲料和矿物质。精饲料中所含粗蛋白质百分比主要取决于日粮中粗饲料的粗蛋白质含量，一般来说，用来饲喂年轻小母牛的精饲料混合物含有 16% 粗蛋白质就可以满足它们的需要。

出生至 6 月龄对粗饲料喂量要限制。约占日粮的 15%，过量对成长不利。3～5 月龄要非常重视，除给予泌乳日粮相同的混合精饲料外，应另补一些优质精料，7 月龄前要促其尽量的生长发育。一般情况下，3 月龄体重应达 95 千克，6 月龄体重应达 165 千克，身高 1 米以上。

2. 7～12 月龄育成牛饲养

育成牛发育最快时期，此期的年轻小母牛每组可有 10～20 头，一组内小母牛体重的最大差别不应超过 70～90 千克，应当仔细记录采食量及生长率，因为这一时期增重过高可能会影响将来的产奶能力，与之相反，增重不足将延误青春期、配种以及第一次产犊，监测年轻小母牛体高、体重及体膘分数有助于评价这一时期的饲喂措施。

饲养标准：① 12 月龄体重达 280～300 千克；② 精料：2～2.5 千克；③ 粗料：青贮 10～15 千克，干草 2～2.5 千克；④ 奶牛营养需要：奶牛能量单位（NND）12～13 个；干物质（DM）5～7 千克，粗蛋白质 600～650 克，钙 30～32 克，磷 20～22 克。防止饲喂过多的营养使奶牛过肥。

8 月龄后应控制牛生长发育。精料使用量要降低，精料食入太多则太肥，对乳房发育极为不利，泌乳细胞生长会减少，降低终生产奶量。这一阶段要测体高与体重，它与以后的产奶量成正相关，12 月龄体重应达 275 千克以上，体长指数达 112% 以上。当体重达 380 千克时即可配种。

营养要求和采食量随时间而变化，小于 1 岁的年轻小母牛由于瘤胃容积有限需要高营养饲料，因此，如果只喂给粗饲料则仅能维持中等生长速率，年轻小母牛的日粮中应该包含谷物性饲料或精饲料成分，但是大于 1 岁的年轻小母牛就不一定有这一要求。某些饲养场给年轻小母牛饲喂那些不被产奶母牛所采食的日粮。这类日粮配方的组成通常是高纤维低蛋白的，只要配方的营养平衡适当并具有适口性，则可用来喂给半岁大的年轻小母牛。

3. 13～18 月龄育成牛饲养

13 个月以上小母牛的瘤胃已具有充分的功能，这一年龄段的年轻奶牛主要根据便于发情鉴定及配种来分组，奶牛体重的最大变化不应超过 130 千克。

此阶段只喂给高质量粗饲料也可以满足正常的生长需要。实际上高能量的粗饲料，如玉米青贮应限量饲喂，因为这些年轻小母牛可能会因采食过量而引起肥胖，玉米青贮和豆科植物或生长良好的牧草混合饲料可为奶牛提供足够的能量和蛋白质，精饲料应主要作为补充低质粗饲料的日粮配方成分。

饲养标准如下。

① 体重应达到 400～420 千克；② 精料：3～3.5 千克；③ 粗料：青贮 15～20 千克，干草 2.5～3.0 千克；④ 日粮营养需要：NND 13～15 个，DM 6～7 千克，粗蛋白质 640～720 克，钙 35～38 克，磷 24～25 克。

4. 19 月龄至初产育成牛饲养

必须记录这一时期青年奶牛的采食情况和生长速率以便在分娩时获得理想的体高、体重和体膘。母牛分娩前 1～2 个月应调整饲喂计划从而为年轻奶牛分娩及第 1 次泌乳作准备，喂给这些年轻奶牛的饲料中应逐渐增加精饲料比例以确保平稳地过渡并在分娩后尽快促使大量干物质的摄入。分娩时避免不适当的体况评分（低分或高分）是很重要的。过瘦或肥胖的年轻奶牛更易于发生难产和产后综合征。妊娠后期不是体膘调整时期，而是年轻奶牛早期泌乳应激的准备时期。这一时期的年轻奶牛对畜舍要求不高且饲喂计划比较灵活，也可放牧饲养。

一岁到初配时期，其消化器官的发育已接近完善，同时又无妊娠产乳的负担，此时粗料可占日粮总营养价值的 85%～90%。交配受胎后，应按妊娠干乳牛的标准饲养。混合料的喂量不应低于 3 千克。

五、育成牛的管理

育成牛应定期称重、测体尺以检查发育情况，发现问题及时纠正。按性别、月龄进行分群、饲养，便于管理，坚持运动和刷拭。为了促进乳腺发育，在妊娠 5 ~ 6 个月开始每天按摩乳房一次，每次 3 ~ 5 分钟，产前半月停止按摩。据上海市牛奶公司第六牧场的试验，按摩可提高产奶量 13%。管理牛只态度要和蔼，特别是对育成公牛，切勿逗弄，切忌粗暴，因牛的报复性强，以免养成顶人的坏习惯，给管理上带来困难。

配种应选择经过后裔测定的、犊牛初生重较低的种公牛精液，以减少难产发生率。

育成母牛受胎后，生长缓慢。体躯向宽深发展，应以质量好的干草、青草、青贮和块根类为基本饲料。视体况适当饲喂精料，特别是分娩前 2 ~ 3 月要满足胎儿生长发育需要，除满足粗饲料需要外，每日视体况补饲 2 ~ 3 千克精料，到产犊时体重应达 500 ~ 550 千克。

怀孕 5 个月后，要经常对乳房进行按摩，促进乳腺细胞充分发育，这对以后产奶量的提高极为有利。

六、饲养管理程序举例

北京首都农业集团曾制定了《高产奶牛饲养管理及饲喂工艺技术规范》，其中有关断奶后犊牛和后备牛培育的内容如下。

1. 后备牛的饲养目标

制定合理的饲养方案，保证合适的体尺体重，能够在 14 ~ 15 月龄参加配种，23 ~ 24 月龄转群，产犊时体重达到 550 千克。

2. 后备牛日粮饲养标准

见表3–10。

表3–10 0~24月龄后备牛饲养标准

月龄	体重（千克）	干物质采食量占体重的百分比（%）	干物质采食量[千克/（天·头）]	粗蛋白质（%）	代谢能（兆卡/千克）	净能（干物质）	粗饲料比例（%）	饲喂方案
0~2	50	2.8~3.0	1.0	18	3	1.8	0~10	犊牛TMR；开食料
2~3	80	2.8	2.25	18	3	1.8	10~15	犊牛TMR
3~6	140	2.7	3.0~4.0	16.5	2.6	1.65	40	泌乳牛TMR+1千克豆科干草
6~12	250	2.5	5.0~7.0	14	2.3	1.4	40~50	14%粗蛋白质的TMR；13%粗蛋白的TMR+2千克泌乳牛TMR（干物质基础）
13~18	360	2.3	8.0~9.0	13	2.25	1.3	50	13%粗蛋白质的TMR
19~23	500	2.0	10.0~11.0	12.5~13.0	2.25	1.3	50	12.5%~13.0%粗蛋白质的TMR（限饲10~11千克干物质/天）
24	580~600		10	14.5		1.55	55~60	围产期TMR

3. 后备牛一般饲养管理要求

① 保证优质的粗饲料供应。

② 保证充足、新鲜、清洁卫生的饮水。

③ 保证圈舍清洁卫生、通风、干燥，定期消毒，预防疾病发生。

④ 定期测量后备牛的体尺和体重，并填入奶牛谱系中。

⑤ 除哺乳期犊牛在犊牛岛单独饲养之外，其他后备牛均要根据其生长发育状况进行分群，采用散放饲养、自由采食的饲养管理模式。

4. 犊牛期（断奶至 6 月龄）的饲养管理

① 随着月龄的增长，逐渐增加优质粗饲料的饲喂量，选择优质干草、苜蓿供犊牛自由采食，4 月龄前禁止饲喂青贮等发酵饲料。

② 做好断奶过渡期的饲养管理，减少应激影响。

③ 干物质采食量达到 4.5 千克/天。

5. 育成牛的饲养管理

① 育成牛根据生长发育及生理特点可分为第一阶段（7~12 月龄）和第二阶段（13~15 月龄）。

② 日粮以粗饲料为主，混合精料每天 2~2.5 千克，干物质采食量达到 7.8 千克。

③ 培育目标：14~15 月龄达到配种要求，参配体重 380 千克以上，注重体尺增长，体高达到 1.27 米，保持适宜膘情（2.8~2.9 分）。12 月龄达到体高 1.2 米、体斜长 1.29 米、胸围 1.57 米、腹围 1.9 米、体重 303 千克。

④ 注意观察发情，做好发情记录，以便适时配种。

6. 青年牛的饲养管理

① 按月龄和妊娠情况后行分群管理，可分为几个阶段：16~18 月龄、19 月龄至预产前 60 天、预产前 60 天至预产前 21 天、预产前 21 天至分娩。

② 16~18 月龄牛，日粮以粗饲料为主，选用中等质量的粗饲料，混合精料每天每头 2.5 千克，日粮粗蛋白质水平达到 12%。

③ 19 月龄至预产前 60 天牛，日粮干物质进食量控制在 11~12 千克，以中等质量的粗饲料为主，混合精料每天每头 2.5~3 千克，日粮粗蛋白质水平达到 12%~13%。

④ 预产前 60 天至预产前 21 天牛，日粮干物质进食量控制在

10～11 千克，以中等质量的粗饲料为主，混合精料每天每头 3 千克，日粮粗蛋白质水平达到 14%。饲养水平近似于成母牛干奶前期。

⑤ 预产前 21 天至分娩牛，采用过渡期饲养方式，日粮干物质进食量控制在 10～11 千克，混合精料每天每头 4.5 千克，日粮粗蛋白质水平达到 14.5%。

⑥ 做好发情鉴定、配种、妊检等繁殖记录。

⑦ 根据体膘状况、胎儿发育阶段，按营养需要掌握精料供给量，防止过肥。

⑧ 产前采用低钙日粮，减少苜蓿等高钙饲料饲喂量，控制食盐喂量。

⑨ 注意观察牛只临产症状，做好分娩前的准备工作。

⑩ 以自然分娩为主，掌握适时、适度的助产方法。

第四章 犊牛疾病及预防对策

第一节 犊牛死亡原因及预防对策

1. 死亡原因

（1）因难产引起的犊牛死亡 因母牛分娩困难或人工接助产不当均会造成新生犊牛的某些疾病，如吸入羊水造成窒息假死或异物性肺炎；肢体拉伤、脱臼等。造成这种情况的主要原因是接产人员责任心差，技术不过关，该牛场最近人员调整由配种人员兼职接产，经常对母牛分娩观察不及时，造成母牛羊水破裂或造成伤害。

（2）因护理不当造成犊牛死亡 新生犊牛出生后，由于护理不当，易发生多种疾病，如感冒、肺炎、便秘、腹泻、脐炎、脐尿管瘘和关节扭伤、碰伤等，这些疾病极易造成犊牛死亡，个别犊牛治疗不死亡也会留下后遗症而被迫淘汰；因护理不当犊牛被冻死、卡死也时有发生。

（3）因母牛产前饲养管理失败造成犊牛死亡 孕牛由于运动场小而缺乏运动，加上饲养环境不良，饮水受限，饲料营养不科学易造成难产或母牛产后身体孱弱，产后腹泻，经常导致犊牛死亡。

（4）母牛老弱病残造成的犊牛死亡 老弱病残的母牛身体虚弱，生产性能减退，甚至已丧失生产能力，有的产前乳房已肿硬化脓，产后无奶，这些母牛受孕后如果饲养管理跟不上就容易造成死胎弱胎或难产现象，产下的犊牛自然成活率不高。

（5）因喂养不当造成犊牛死亡 新生犊牛生长发育快，代谢功能旺盛，随犊牛体重增加，其生长发育所需的营养物质逐渐增加，如果喂养乳量不足或开口料营养缺乏，则易发生营养不良，导致其生长缓慢，体质差，对环境适应能力差，抗病力弱，最终导致死亡；另外，如果喂养犊牛时不定时定量，乳温忽高忽低就极易引起犊牛腹泻、肠痉挛、套叠等疾病；卫生消毒不严格也容易使犊牛患上大肠杆菌、球虫等疾病，这些均可致犊牛死亡。

2. 预防对策

（1）加强母牛的饲养管理和疾病防治　泌乳牛在正常干奶时已经过 300 多天的泌乳，加上已怀孕 7 个月，营养代谢已处于负平衡，因此，在母牛分娩前应保证 60 天的干奶期，以利于乳腺的休息和再生，满足胎儿发育需要和恢复母牛体力；这关系到配种工作的管理问题，往往由于牛场配种工作抓得不好，影响受胎继而影响正常干奶，导致犊牛先天营养不良形成恶性循环；另外，干奶期要限制饲喂过量青贮和能量饲料，由少到多适当增加精料，精料营养配方要科学全面以防乳房水肿；注意钙磷平衡和适当补充氯化钠防止发生产后瘫及异食癖，对老弱病残母牛应尽早淘汰。总之，只有改善饲养管理，保证营养供需平衡，保证母牛健康，才能使新生犊牛机体健康。

（2）科学及时接助产，确保母子平安　接产人员要加强对母牛分娩前的观察，有分娩前兆应当赶入产房待产，充分做好助产的准备工作，防止分娩时束手无策，不知所措；产房内应铺有柔软垫草，环境应宽敞卫生安静；母牛进入产房待产后应密切注意羊水破水时间，接助产时先用 0.2% 的高锰酸钾溶液洗涤外阴部，助产者要将指甲剪短磨光消毒防止划伤奶牛产道和感染细菌；如果遇到难产，又没有助产经验，要赶快请兽医及有经验人员帮助；幼犊出生后要迅速将口鼻周围黏液及羊水擦干净或倒提犊牛让羊水流出，避免吸入肺部；犊牛移入犊牛笼动作要温柔，防止弄伤犊牛，断脐时正常操作及时用碘酊消毒，防止发炎和破伤风等疾病。

（3）精心饲养干奶牛，增加运动　对于奶牛要细心关照，精心饲喂，饲养密度应适当，有条件的牛场让其自由散养，拴养式牛场在天晴时应多让牛只出去运动场散步，增加运动量，不能暴力驱赶奶牛，以防流产，牛床地面应防滑，防止奶牛摔伤；另外，绝对不能喂霉烂饲料。

第二节　犊牛腹泻的预防与治疗

1. 犊牛腹泻

犊牛腹泻是指肠蠕动亢进，肠内吸收不全或吸收困难，致使肠内容物与大量水分被排出体外的一种犊牛疾病，是奶犊牛常见多发疾病，发病率非常高，有些奶牛场的发病率按头次计算甚至超过100%。在奶牛场内，犊牛腹泻是影响犊牛健康最主要的疾病。其临床特征是粪呈稀汤或水样，脱水，酸中毒，死亡较快。

2. 犊牛腹泻的病因

犊牛腹泻的病因非常复杂，包括犊牛本身的因素，也包括外源病原微生物的影响，还有环境、母牛健康等各方面的问题。

（1）犊牛腹泻与初乳的关系　犊牛生后没有能够及时吃上、吃足初乳，获得初乳质量差，胎便不能及时排出，导致犊牛发生轻度的肠阻塞，这往往是犊牛腹泻的主要原因。新生犊牛血液中没有免疫球蛋白，必须从初乳中吸收后才具有对病原微生物的抵抗能力。初乳当中含有大量的免疫球蛋白和高浓度的重金属盐类（镁等），能起到增强肠道免疫、促进胃肠蠕动和加速胎便排出的作用。初乳饲喂过晚，胎便排出缓慢，并且新生犊牛的活力弱，体况不完善，免疫机能不健全，这时胎便停留肠道内异常发酵，分解产生一些有害物质，刺激胃肠黏膜引起下痢。

犊牛血清中 γ-球蛋白水平小于 3 克/升时，发病率和死亡率都较高。为了提高出生犊牛的 γ-球蛋白水平，提高免疫力，必须及时、足量地饲喂优质初乳。犊牛在出生后 24 小时内，特别是出生后 6～12 小时，肠道对初乳免疫球蛋白的吸收能力较强。最好的方法是让犊牛出生后 1 小时内吃上初乳，在 8～12 小时内饲喂量达到

4～6升。同时需要注意初乳的质量。

（2）犊牛腹泻与母牛的关系　母牛妊娠期营养状况的好坏，不仅直接影响到胎儿的生长发育的好坏，也影响到初乳的品质的好坏。这是因为胎儿一半以上的生长是泌乳期最后2个月，而胎儿的全部营养物质都要依靠母体供给，当母体营养不良，特别是在干奶期时，母体得不到必需足够的营养物质以供胎儿发育，必将引起胎儿发育不良，表现为体弱、活力不足，抗病力降低。血液是乳的来源。母体的代谢紊乱不仅影响血液的变化，也影响到乳汁的品质。犊牛消化不良与母牛酮病有关。由于酮体（乙酰乙酸、β-羟丁酸和丙酮）在母体内蓄积，乳中酮体含量增多，致使犊牛的发病率和死亡率升高。

（3）引起犊牛腹泻的病原微生物　经常引起犊牛腹泻的病原微生物有大肠杆菌、沙门氏杆菌、传染性鼻气管炎病毒、轮状病毒、冠状病毒、C型产气夹膜梭菌和牛病毒性腹泻病毒等，隐孢球虫、艾美尔球虫、艾克毛圆线虫、辐射结节线虫和鞭虫等寄生虫也能引起腹泻。上述病原微生物可单独感染使犊牛发病，也可混合或继发感染而致病。据统计，单独由大肠杆菌引起的犊牛腹泻占25%～30%，大多数犊牛腹泻是由肠道病原性细菌和病毒混合感染引起的（齐长明，2006）。

（4）不良环境对犊牛腹泻的影响　不良的环境条件（包括饲养管理不当），一方面能降低犊牛体质和抗病力；另一面又能促使病原微生物的生长繁殖和毒力的增强，并为其传播提供了有利条件。

不严格的执行犊牛饲喂操作规程，饲喂犊牛品质不良牛奶（如乳房炎奶），温度不适宜，喂奶量不固定，奶具不消毒，尤其是用桶饲喂犊牛时，在奶桶不消毒的情况下，连续饲喂多头犊牛，会造成疾病传播。

犊牛圈舍条件差，环境温度低。犊牛长时间爬卧于冰凉的水泥地面上，胃肠受到寒冷刺激，蠕动加强。另外，牛舍和运动场长期不清理、不消毒或消毒不彻底，冬季垫草长期不更换等，一旦发生传染性腹泻，就会迅速传播，难以控制。犊牛饲养密度过大，不按年龄分群管理，甚至公母犊牛混合饲养，环境卫生条件差也会导致犊牛疾病发生。另外，要注意饲养设施条件，需要具备防风、防寒、防雨、防暑设施，犊牛遭受侵袭或雨水浇淋，都可导致腹泻的发生。

断奶犊牛没有能够科学地进行补饲，饲料添加没有能够逐渐过渡，犊牛消化机能不能适应断奶饲料，发生下痢。

3. 腹泻对犊牛的影响

腹泻能导致犊牛产生全身症状，大量液体和电解质损失而引起脱水，改变血浆组分，引起血液浓缩。随着 Na^+、Cl^- 的严重丢失，HCO_3^- 和 K^+ 也丢失，犊牛体重迅速减轻，脱水达30%时会引起犊牛死亡。

腹泻的严重后果之一是酸中毒，许多因素可导致酸中毒。其中主要的原因是 HCO_3^- 和 Na^+ 的严重丢失。脱水造成的血液浓缩使得犊牛肾脏供血不足，对 H^+ 的排泄减弱。同时，组织缺氧而产生大量乳酸，由于肝脏利用乳酸进行糖异生作用降低而使得乳酸在组织和血液内蓄积。随着血液 pH 值的降低，发生细胞内酸中毒。H^+ 向细胞内的转移促使 Na^+ 和 K^+ 向细胞外移动，造成高钾血症。由于 K^+ 也随粪便排出，所以血浆中 K^+ 的浓度主要取决于 K^+ 从血浆进入粪便和 K^+ 从细胞进入血浆的比率。一般来说血浆 K^+ 的水平是升高的，血浆和组织间液的 K^+ 水平可接近细胞内的水平，这使得细胞膜的静息电位降低，对心脏可造成严重的损害，甚至致死。目前认为，犊牛急性严重腹泻导致的死亡主要是由于 K^+ 的心肌毒性造成的（齐长明，2006）。

犊牛严重的急性腹泻常常引起低血糖，尤其是濒于死亡的幼龄犊牛。低血糖引起的症状包括体质虚弱、嗜睡、抽搐和昏迷。引起低血糖发生的原因是多方面的，例如，厌食减少了营养成分的摄入；低糖原贮存限制了糖异生途径；组织血液灌注减少和缺氧使无氧酵解增强；类似于胰岛素功能的细菌内毒素作用于肝脏直接导致血糖的降低。低血糖和刺激肾上腺素的分泌，致使腹泻犊牛血浆中皮质酮和皮质醇的浓度升高（齐长明，2006）。

4. 犊牛腹泻的症状

（1）消化不良　发病初期没有前驱症状而突然发生下痢。全身症状无大变化，腹围轻度膨胀。排水样酸臭粪便，粪便中混有消化不完全的凝乳块，粪便呈乳黄色、黄绿色或淡绿色，排便次数较频。发生腹泻后不久，迅速出现脱水和内中毒症状。时间久则出现体温下降，有的可达 35℃ 以下，末梢冰凉。最后昏睡，终因机体脱水、内中毒，心力衰竭而死亡。

（2）胎便排出迟缓　由于初乳饲喂较晚引起，表现为胎便排出后，随后排出黄褐色黏稠的粥状稀便，全身症状较轻，治疗及时一般不引起死亡。

（3）病毒性腹泻　主要由轮状病毒和冠状病毒引起。临床表现为精神委顿，厌食。排黄色或淡黄绿色液状稀便，严重时呈喷射状水样，有轻度腹痛。长时间腹泻会导致严重脱水和酸中毒致死。1～7 日龄的犊牛容易发生轮状病毒感染，2～3 周龄则多发冠状病毒。

（4）大肠杆菌腹泻　大肠杆菌性下痢，又称之为犊牛白痢，2～3 日龄初生牛犊发病时表现为败血症，病程短且死亡突然。对于 7～20 日龄的犊牛，则发生白痢，排灰白色稀便。病犊先出现体温升高，数小时后出现下痢。新生犊牛抵抗力不足或发生消化障碍时，容易发病。母牛营养不良、运动不足引起乳汁质量不佳，牛舍不清洁，气候多变等不利因素可促使发病。多发生于冬季舍饲期间，呈地方性流行，而放牧季节很少见。

（5）沙门氏菌腹泻　犊牛副伤寒：由沙门氏菌引起犊牛急性胃肠炎。腹泻呈灰黄色或黄色液体。急性病例全身症状明显，并多伴发肺炎。慢性病例腹泻症状逐渐减轻或停止，有的呈周期性，后期常出现关节炎。以 1～1.5 月龄以后的犊牛最易感，可通过粪便污染的饲料、饮水和牧草经消化道传染。

（6）球虫病　牛球虫病：由艾美尔球虫属引起，通常为几种球虫混合感染。腹泻的特征为粪便深褐色带血或完全呈血样。多发于春夏秋季节，尤其是多雨年份。

5. 犊牛腹泻的治疗

（1）治疗原则 犊牛腹泻的治疗原则应当为：抑菌消炎、恢复胃肠功能、补充体液、维护心脏、缓解酸中毒和增强机体抵抗力等进行综合治疗。

（2）消化不良性腹泻的治疗 对消化不良病例，主要采取恢复消化功能，防止继发感染，配合收敛和补液。

恢复消化机能可投喂酵母片 4～6 片，胃蛋白酶 2 克，陈皮酊 20 毫升，次硝酸铋 10 片，混合后内服，每日 1～3 次，同时应用土霉素等抗生素。补液应用糖盐水或林格尔液。

对于胎便排出迟缓引起的稀痢，只采用口服给药即可。

（3）感染性腹泻的治疗 对于感染性腹泻，内服抗菌药，可用氯霉素、土霉素、痢特灵和链霉素等。内服 0.5% 高锰酸钾水有良好的疗效，每次高锰酸钾用量为 4～8 克，每日 2～3 次。下痢不止的内服次硝酸铋 5～10 克或活性炭 10～20 克。饮欲良好的可口服补液盐，饮欲不良的可用 5% 糖盐水或林格尔液静脉补液。

对于用抗生素治疗效果不好的大肠杆菌性腹泻，可用中药配合液体治疗。中药处方可为：马尾连、黄柏、黄芩、猪苓、泽泻、车前子、米壳、茯苓、白芍、地榆、神曲、麦芽、石榴皮、党参、当归、黄芪、熟地、干草各 10g，水煎口服 2～3 次。已确诊为病毒性腹泻的，可选用地榆槐花汤：地榆、槐花、苍术、银花、连翘、干草各 30g，乌梅、诃子、猪苓、泽泻各 50g，煎汤灌服（齐长明，2006）。

（4）球虫腹泻的治疗 犊牛除球虫外，其他的一些胃肠道寄生虫也能继发下痢，所以应当注意牛犊饲养环境卫生，并及时进行驱虫或给予球虫疫苗。

6. 犊牛腹泻诊治要点

（1）早发现，早治疗 犊牛的抵抗力较弱，消化机能不健全，发病后体况变化迅速，因此对于犊牛下痢要及早发现，迅速治疗，否则病程拖延就会因犊牛重度脱水、酸中毒，心功能衰竭而死亡。

（2）先诊断，慎用药　治疗时应当采取恢复消化功能，抗菌消炎，强心补液等综合措施，但对于感染性腹泻在治疗的早期不应用收敛药，以免造成毒素滞留于肠道，加重内中毒。

（3）加强护理　治疗同时应当加强病犊牛护理，保持环境温暖，通风良好。食欲有所恢复时，食物的给予要逐步增加，以便胃肠道逐渐适应，恢复功能。

7. 犊牛腹泻的预防要点

（1）母牛　妊娠母牛营养缺乏可引起新生犊牛腹泻，尤其是能量、蛋白质、硒和维生素 A 缺乏是犊牛腹泻的重要原因，其中维生素 A 是乳免疫球蛋白生成所必需的，也是胎儿正常发育和小肠上皮细胞生理活性的必要物质。因此，需要给妊娠后期母牛补充足够的胡萝卜素（新鲜胡萝卜），或者注射维生素 A。

其他方面，需要注重产圈的环境控制和母牛乳房的消毒。也可以给母牛注射免疫制剂，使用本地区最流行的大肠艾希氏菌菌株，在分娩前 2 ~ 4 周接种，可使初乳中特异抗体含量增高，对犊牛自然发生大肠杆菌性腹泻有明显的预防作用（齐长明，2006）。

（2）犊牛　犊牛出生后首先要灌服足量、优质的初乳。应该在犊牛出生后 0.5 ~ 1 小时内灌服初乳，其温度以 33 ~ 35℃ 为宜。如果犊牛不能及时摄入足量的初乳，血清中 γ-球蛋白水平会低于 3.0 克/升。由于犊牛血清蛋白水平和球蛋白水平有很好的相关性，在荷斯坦奶犊牛上，我们可用临床折射仪测定犊牛血清蛋白水平，但低于 49 克/升时，犊牛容易患病死亡；当高于 55 克/升时，对各种疾病的抵抗力较强。

犊牛出生后，应该正确断脐，彻底消毒。对不能自由吸吮的犊牛，可实施"定时、定量、定温、定人"人工哺喂。喂奶用具要用消毒液（0.1% 新洁尔灭或百毒杀）浸泡消毒，尤其是奶嘴、奶罐和盛放初乳的器具，每次喂奶后都应该立即消毒，不允许同一奶嘴或奶桶连续喂多次、多头犊牛，以免造成传染。

市场上也有一些犊牛的免疫制剂，可用于预防、治疗犊牛大肠杆菌病。

8. 犊牛发生腹泻后采取的措施

① 在对腹泻原因不确定的时候，应在腹泻最初症状出现时，采集病犊和健康犊牛粪便样品，交送有条件的实验室分离致病性大肠杆菌、病毒和沙门氏菌。如果有病死犊牛，需要取其肝脏、脾脏和肠系膜淋巴结、肠内容物送检。必要时可剖检腹泻犊牛。采取病犊、健康犊牛血液及初乳样品，检测免疫球蛋白、特异性抗体及奶酮含量。样品的采集需要在应用抗生素之前进行。

② 将病犊和健康犊牛隔离开，单独配备饲养用具和饲养人员。

③ 将临产母牛转移至从未养过牛的圈舍中，加强产前产后的消毒措施。

第三节　犊牛饮食性腹泻的预防与治疗

饮食性腹泻多发生在吃奶或代乳品过多、吃了难以消化的食物的犊牛，临床表现是消化不良、腹泻，长期腹泻可引起犊牛发育不良，生长缓慢和营养障碍。特别是 1 月龄以内的犊牛发病较多，随日龄增长，发病减少。

1. 病因

给犊牛饲喂过量的全奶或代乳品，奶温过低，是造成饮食性腹泻的常见病因。一般来说，全奶不会引起犊牛大量水泻，但会导致排粪量增大，粪便有泡沫，有利于各种肠道细菌的继发感染。在断奶阶段，突然由液体饲料转成固体饲料，常常引起犊牛消化不良和饮食性腹泻，因为消化酶适应饲料的变化需要一段时间。

饲喂劣质代乳品、代乳品调制不适合、饲喂奶粉也是犊牛饮食性腹泻的主要原因。代乳品中非乳性碳水化合物和蛋白质，如果不经过特殊加工处理直接用在代乳品中，其消化率不如乳糖和乳蛋白，犊牛会吸收不良、慢性腹泻和生长发育缓慢，容易继发大肠杆菌病和沙门氏菌病；代乳品调制不合适，特别是水温较低，可导致犊牛腹泻；饲喂量过高也是腹泻原因之一。直接使用奶粉饲喂犊牛，特别是劣质、下架奶粉，奶粉中蛋白质在加工过程中受热变性，在犊牛皱胃中不易形成凝结，消化率降低。

饲喂量过大会造成腹泻。在正常情况下，犊牛喝奶后不久凝乳块即在皱胃中形成，乳清很快进入十二指肠，被消化吸收。当饲喂过量牛奶时，可引起皱胃甚至瘤胃的过度膨胀、凝乳不良，一部分全乳和乳清进入十二指肠，而十二指肠不能消化全乳，也不能很好的消化和水解过多的乳清，致使全乳和乳清发酵产生乳酸，肠腔内渗透压升高，液体增大，吸收减少，引起腹泻。

天气骤变，如突然的降温、下雨，犊牛舍潮湿、污秽，有贼风，也都是造成犊牛腹泻的原因。

2. 症状和诊断

慢性腹泻的原因，可能是由于代乳品质量问题、代乳品配制中问题等。犊牛会阴和尾部有稀便污染或形成粪痂，腹部膨大，胃肠道内积液，逐渐消瘦，但早期精神和食欲正常。这种犊牛往往也会有异食癖，喜欢采食垫草和其他异物。

人工饲养牛奶过多的犊牛，多表现为急性腹泻，病犊精神和食欲较差，粪便恶臭、量大，混有多量黏液或泡沫。禁食或者给予电解质溶液可使症状减轻，食欲逐渐恢复。如果继发肠道病原菌感染，犊牛体温、血相发生变化，并伴有脱水和酸中毒现象（齐长明，2006）。

犊牛饮食性腹泻一般无全身症状，改变饲料后可不治而愈。关键是要具体分析饲喂方法找出问题所在，及时予以纠正。

3. 防治

针对病因进行预防和治疗。由于喂奶过多造成的，可停止喂奶24 小时，并给予电解质溶液。由于代乳品饲喂造成的，可改喂牛奶。当有肠道病原菌感染时，按感染性腹泻治疗。

使用代乳品饲喂犊牛时，不可浓度过稀，因为过稀会在皱胃中凝结不良。如果是每天饲喂两次，则浓度不应低于 125 克/升。也不能让犊牛在吃奶后立即饮用大量的水，会使牛奶或代乳品稀释。

严格执行犊牛饲养管理规程，保持犊牛舍干燥、清洁、有充足的阳光，冬季要有干燥的垫草，防止犊牛受寒。

第四节 犊牛肺炎的预防与治疗

1. 犊牛肺炎发病原因

犊牛肺炎按照严重程度可以分为亚临床型、急性和致命性肺炎。肺炎对肝脏的损害可能是临时性的也可能是永久性的，患慢性肺炎的小牛虽然能够完全康复，但是不应再作为后备母牛使用。大多数犊牛呼吸道疾病是发生在6~8周龄，引起犊牛肺炎主要原因有应激（如长途运输）、畜舍条件（如通风差）以及营养不良等。这些因素与环境中存在的一种或多种微生物相互作用就有可能引发犊牛患病。犊牛肺炎的发病率很高，死亡率变化很大。

肺炎常常继发于其他传染病，仅仅环境中存在的可导致肺炎的某种微生物通常不足以引起肺炎的各种临床症状。健康犊牛即使接触某些致病微生物也不致生病。不同微生物之间可能会有协同作用。例如，小牛同时感染两种支原体（如牛支原体和溶血巴氏杆菌）比染上其中一种症状要严重得多。另一种情况是犊牛感染了牛呼吸性合胞体病毒后会使肺部更容易受到其他微生物的侵袭（即并发症）从而导致肺炎。牛呼吸性合胞体病毒破坏损伤呼吸道纤毛上皮细胞，从而使外源物质更容易侵入。

病菌感染后，常常发生细菌继发感染特别是溶血性巴氏杆菌和化脓性棒状杆菌的感染。呼吸性合胞体病毒和腺病毒主要感染下呼吸道（肺小叶）。还有许多微生物能够在上呼吸道如鼻、咽、气管和支气管繁殖并引起感染。

2. 肺炎的临床症状

虽然1月龄的犊牛很少出现急性肺炎临状，但是，1~3周龄犊牛就可以受到引起肺炎的微生物感染。不同微生物引起的肺炎其临床症状也不相同，一般要综合观察才能诊断：鼻孔有分泌物（稀薄如水样或黏稠带脓）；干咳，在活动之后特别明显（即使感染牛痊愈，干咳可能持续不退）；肛温超过 41℃ （正常为 38.6℃）；肺脏损伤；呼吸不畅或呼吸困难；腹泻症状。

3. 容易引起肺炎感染的因素

1 月龄前犊牛很少发生肺炎，饲喂初乳（即被动免疫）在这段时间避免肺炎起到关键作用。肺炎高峰期发生在出生后 4 ~ 6 周，那时犊牛血液中抗体浓度正好最低。健康犊牛的上呼吸道和肺脏黏膜内各种免疫球蛋白，特别是 IgA 的浓度很高，而感染犊牛是 IgG 最高。如果犊牛血液中的 IgG 浓度高于 15 克/升就可以使犊牛免受肺炎感染。免疫功能下降或大量微生物侵袭会使犊牛更容易患肺炎。在饲喂不足、畜舍条件差、管理水平低的情况下，犊牛更容易发生肺炎。

畜舍通风不良和湿度高的条件下更容易发生肺炎。畜舍内空气流量和流速影响微生物的密度以及畜舍内臭味的浓度。例如粪便和腐化的畜床垫料中的氨和其他气体的浓度对肺脏有强烈的刺激作用。犊牛在畜舍通风条件差、臭气和微生物密度高、高湿低温和低湿高温的环境、昼夜温差变化太大的环境条件下很容易诱发肺炎。

其他管理因素包括太早为犊牛分组饲养，被慢性或亚临床性肺炎小牛传染；断奶太早，犊牛还不能采食足量的固体饲料；或者引进外地犊牛，并与本场犊牛混养，长途运输造成犊牛应激反应等。

过量饲喂犊牛，犊牛产尿过多，造成环境潮湿，同时快速生长的犊牛免疫功能也跟不上生长。

4. 肺炎预防

部分或完全消除容易引起感染的各种因素，并同时改善管理技术会明显降低肺炎的发病率。适当饲喂初乳、避免营养性应激、适宜的畜舍条件以及良好的通风系统是减少肺炎发生的有效方法。抵抗某些肺炎微生物疫苗可以在市场上购买到，但是只有在真正确定了微生物污染源（即微生物种类时），才可使用这些疫苗。在某些微生物流行地区，应在兽医的帮助下制定预防这些微生物的免疫计划。

5. 肺炎治疗

当犊牛发病时，早期诊断对提高康复或存活率非常重要。病牛应该圈养在干燥、通风良好（有大量新鲜空气）、温暖阳光充足的畜栏内，腹泻和脱水情况下需要补液。抗生素治疗的目的是减轻继发性细菌感染。

第五节　由母牛传递给犊牛的疾病

1. 布氏杆菌病

布氏杆菌病又称传染性流产病，是由流产性布氏杆菌引起的，这种病破坏性严重，有时会导致怀孕后期的母牛（最后 3 个月）流产，而且传染性很强，可以采用接种疫苗来控制。患布氏杆菌病的母牛所生的犊牛很可能感染此病，但这种感染只是暂时性的。犊牛出生后立即与感染母牛隔离，牛奶中的布氏杆菌会感染哺乳犊牛的生殖器官。

2. 白血病

白血病是白细胞生长失控（血癌），小于 4 周岁的奶牛患白血病很少有临床症状，白血病病毒一般不能穿过胎盘感染胎儿，但可以通过牛奶感染犊牛，被确诊为白血病的犊牛，其初乳和牛奶都不能用来饲喂犊牛。这种犊牛要喂给健康母牛的初乳，或代乳品。

3. 结核病

犊牛结核病由牛结合杆菌感染引起的传染病，主要症状是肺脏受损伤，咳嗽以及全身虚弱。出生前犊牛很少感染结核菌。犊牛感染结核菌的可能途径为：患病牛和健康牛混养，健康牛吸入污染的空气；饮食被患病牛污染的牛奶。犊牛感染结核病一般不表现临床症状，因而只能靠皮试来判断是否有结核病。犊牛一出生就与感染母牛隔离饲养，避免任何可能的接触，包括吸舔母牛乳头。可以使用健康母牛代喂。如果不能做到，至少应当将污染的牛奶进行巴氏消毒后喂给犊牛（在 63～66℃加热 30 分钟或 72℃加热 15 秒钟）。

煮沸的牛奶虽然消毒更安全，但喂给犊牛会发生犊牛腹泻。不要将犊牛圈养在可能被患病牛污染的畜舍内，或使用可能被污染过的水槽或放养在被污染的草场上。一般来讲，畜舍要放空 6 个月，才能去除结核病污染的可能性。

4. 副结核病

副结核病是由副结核病杆菌引起的一种成年牛传染病，但是这一成年牛的染病也许是在患病牛幼年时期就已经感染上了。只有到感染后期（成年后）才表现临床症状包括严重腹泻、粪便含有气泡、身体极度消瘦。若怀孕母牛患严重的副结核病，胎儿也可能被感染。可以从母牛乳房中分离出这种病菌。此外，许多犊牛由于接触病牛的粪便而被感染。在临床症状出现以前很难诊断奶牛是否出现副结核病。母牛只是定期从粪便中排菌，测定血液中是否含有抗体是一种比较可靠的方法来诊断副结核病。

可通过隔离动物，避免患病动物与健康动物接触来控制副结核菌的传播。绝不要喂给犊牛患副结核病母牛的牛奶以及接触有可能被患病母牛污染的器具，避免新生小牛染上副结核病。副结核菌可以在草地上生存很长时间，若草地被患病牛污染，那么一年内都不应当在污染牧场放牧犊牛。

第六节　犊牛寄生虫病

寄生虫是生活和生长在另一生物体内（宿主）的一类生物，其结构比细菌和病毒的结构都复杂。寄生虫的繁殖方式多种多样（包括有性和无性繁殖）。寄生虫的生活周期分为好几个阶段而且在不同的环境中生长发育和成熟。不同的寄生虫病其危害程度也不同，奶牛被寄生虫感染后，会掠夺宿主的营养，吞噬、侵蚀并破坏宿主的组织器官，产生代谢毒素危害宿主健康，抑制宿主免疫系统，使宿主更容易受其他微生物的感染。

1. 寄生虫感染途径

犊牛感染寄生虫途径为：饮食感染母牛的初乳（如类圆线虫），采食被寄生虫卵污染的饲料、水和带有寄生虫的中间宿主（如蜱、螨）。

直接接触寄生虫，寄生虫穿透宿主皮肤进入体内（如类圆线虫、仰口线虫等）；接触被污染的器具或被该感染的动物，例如，饲喂器具或宿舍墙壁被蜱螨类污染；接触寄生虫卵（如苍蝇卵等）的沉积物。

寄生虫感染受许多因素影响，不同寄生虫种类对各类影响因素反应也不相同。包括寄生虫本身的繁殖能力：虫卵生产数量以及虫卵环境的存活率；寄生虫数量：原虫可以在动物体内快速繁殖，而线虫则不能在动物中繁殖；宿主的抵抗力：年龄大些的犊牛和成年牛比犊牛对寄生虫的抵抗力强。

饲喂好（生长良好）的犊牛比饲喂差（营养不良的）犊牛对寄生虫的抵抗力强。

气候和季节的影响：某些寄生虫在气候不利的条件下（如寒冬或者干热季节）能够在宿主体内休眠；管理措施的影响：防止容易感染的犊牛与寄生虫感染的动物污染也是十分重要的管理措施。

虽然寄生虫感染导致生长缓慢会带来巨大的经济损失，但体内寄生虫感染初期不会有明显的不良反应。当寄生虫数量达到一定程度时，临床症状就越来越明显。这些症状与内脏器官的损伤（如肠道、肝脏、肺脏的损失）通常与寄生虫吸食宿主血液有关。

虽然寄生虫感染没有明显的特异症状，但如出现食欲差（无食欲）、生长障碍、虚弱、咳嗽、体重快速下降、持续腹泻或死亡等症状应怀疑感染了寄生虫，这些症状对饲养人员早期判断也有帮助。只有通过训练了解当地寄生虫感染情况的工作人员可以采用相应的诊断措施（如粪便检查）来帮助确定寄生虫流行的种类。

原虫和蠕虫是牛最常见的两类寄生虫。圈养在室内干净环境条件下犊牛不易感染线虫和原虫。当饲喂管理不当而且畜舍条件差时

（如饲喂不当、拥挤、卫生条件差等）犊牛就容易暴发原虫感染（如球虫或隐孢子虫等）。而在放牧情况下则更容易发生线虫感染。

蛔虫是线虫中最常见的寄生虫，身体呈长线圆柱形，身体不分节。有许多种线虫可以寄生生活在皱胃和小肠中，其中，有些种类还可以侵入其他重要器官造成危害。由于这类线虫不需要中间宿主，所以生活史也相对比较简单。

绦虫身体扁平，呈带状，因而又称为带虫。绦虫的头部带有吸盘是吸附器官。绦虫身体由很多节片组成，每一成熟节片包含两性生殖器官。只要绦虫吸附在小肠上就可以不断地产生新的节片，节片发育成熟后脱落，然后随粪便排出体外。

生活在土壤或牧草表面的螨是最常见的绦虫中间宿主。年幼的犊牛第一次夏季放牧容易感染绦虫病。绦虫很少感染年龄较大的牛。

吸虫呈扁平叶状。吸虫通常带有吸盘。所有吸虫都需要中间宿主来完成生活史。吸虫的第一中间宿主是软体动物如螺和蛤。这些吸虫在成熟之前还需要第二或者第三中间宿主。

2. 寄生虫病预防

采用良好的饲养管理措施来有效的控制寄生虫的传播。消灭和清除由宿主排出的虫卵，减少中间宿主的数量（如蜱、螨、苍蝇等）；减少草和畜舍环境中的寄生虫；减少或防止容易感染的动物与寄生虫可能发生的接触。在放牧过成年牛的牧场上避免放牧年幼的犊牛，防止接触大量寄生虫。

3. 寄生虫病治疗

使用驱虫剂（例如，酚噻嗪、Haloxon，Methyridine，左旋咪唑和 Ivermectin）配合良好的饲养管理措施可以有效地减少寄生虫感染程度。请兽医帮助治疗并决定适当驱虫剂和每日喂药次数。寄生虫病的治疗时间很关键，原因是寄生虫生活的不同阶段对药物的敏感性不同。有些药物既有治疗作用又有一定的预防作用。

参考文献

［1］崔祥，刁其玉，张乃锋，等.不同能量水平的饲粮对 3～6 月龄犊牛生长发育及血清指标的影响.动物营养学报，2014，26（4）：947－961.

［2］崔祥.能量水平对 3～6 月龄犊牛生长、消化代谢及瘤胃内环境的影响.北京：中国农业科学院硕士学位论文，2014.

［3］刁其玉，等.犊牛早期断奶新招.北京：中国农业科学技术出版社，2006.

［4］刁其玉.后备牛蛋白质营养需要研究进展.饲料工业《反刍动物营养与饲料》（增刊），2010：15－19.

［5］刁其玉，屠焰.犊牛日粮中生长调节剂的研究进展.饲料与畜牧，2012（3）：5－10.

［6］刁其玉，周怿.后备牛营养需要与培育的研究进展［J］.饲料与畜牧，2011（1）：8－12.

［7］刁其玉.酶制剂在反刍动物日粮中应用研究进展［J］.饲料与畜牧，2011（3）：15－17.

［8］董晓丽，刁其玉，邓凯东，等.微生态制剂在反刍动物营养与饲料中的应用.中国饲料，2011（4）：8－11.

［9］董晓丽.益生菌的筛选鉴定及其对断奶仔猪、犊牛生长和消化道微生物的影响.北京：中国农业科学院博士学位论文，2013.

［10］冯仰廉，陆治年.奶牛营养需要和饲料成分.北京：中国农业出版社，2007.

［11］符运勤，刁其玉，屠焰.瘤胃微生物多样性与分析技术的研

究进展.中国饲料，2010（21）：7-11.

[12] 符运勤.地衣芽孢杆菌及其复合菌对后备牛生长性能和瘤胃内环境的影响.北京：中国农业科学院硕士学位论文，2012.

[13] 高鸿宾.《农业部副部长高鸿宾在第三届中国奶业大会上的讲话》.中国奶业协会信息中心，2012.6.16.

[14] 国春艳.木聚糖酶和纤维素酶对后备奶牛生长代谢、瘤胃发酵及微生物区系的影响.北京：中国农业科学院博士学位论文，2010.

[15] 李辉.蛋白水平与来源对早期断奶犊牛消化代谢及胃肠道结构的影响.北京：中国农业科学院博士学位论文，2008.

[16] 孟庆翔，主译.奶牛营养需要（第7次修订版）.北京：中国农业出版社，2002.

[17] 罗金斯基 H，富卡 J W，福克斯 P F 主编.乳品科学百科全书（第4卷）.孟祥晨，译，北京：科学出版社，2009.

[18] 美国小母牛协会. www. calfandheifer. org.

[19] 齐长明.奶牛疾病学（上）.北京：中国农业科学技术出版社，2006.

[20] 齐长明.奶牛疾病学（下）.北京：中国农业科学技术出版社，2006.

[21] 孙茂红，岳春旺，穆秀明，等.壳聚糖对黑白花奶牛犊牛脂肪代谢的影响 [J].西北农业学报，2009，18（5）：80-82.

[22] 孙茂红，岳春旺，穆秀明，等.壳聚糖对奶犊牛生长性能和腹泻率的影响 [J].饲料研究，2010（7）：62-64.

[23] 孙茂红，岳春旺，穆秀明，等.壳聚糖对黑白花奶牛犊牛免疫功能的影响 [J].西北农业学报，2011，20（6）：48-50.

[24] 屠焰，刁其玉.新编奶牛饲料配方600例.北京：化学工业出版社，2009.

[25] 屠焰.代乳品酸度及调控对哺乳期犊牛生长性能、血气指标和胃肠道发育的影响.北京：中国农业科学院博士学位论文，2011.

［26］屠焰.奶牛饲料调制加工与配方集萃.北京：中国农业科学技术出版社，2013.

［27］屠焰.犊牛消化道酸度及酸度调节剂研究进展.饲料与畜牧，2012（3）：25 – 29.

［28］许先查.代乳品的饲喂量和饲喂方式对犊牛生长代谢、采食及相关行为的影响.新疆：新疆农业大学硕士学位论文，2011.

［29］学生饮用奶计划部际协调小组办公室.中国学生饮用奶奶源管理技术手册.北京：中国农业出版社，2006.

［30］王定发，黄代勇，晏邦富.甘露寡糖对犊牛血液免疫球蛋白的研究［J］.饲料研究，2004（3）：41 – 42.

［31］王建红.0 ~ 2 月龄犊牛代乳品中赖氨酸、蛋氨酸和苏氨酸适宜模式的研究.北京：中国农业科学院硕士学位论文，2011.

［32］王力生，朱洪龙，孙长春，等.复合酶制剂饲喂犊牛效果研究［J］.中国草食动物，2007，27（3）：33 – 35.

［33］于萍，王加启，卜登攀，等.日粮添加纳豆芽孢杆菌对断奶后犊牛胃肠道纤维分解菌的影响.中国农业大学学报，2009，14（1）：111 – 116.

［34］于萍，王加启，刘开朗，等.饲喂纳豆枯草芽孢杆菌对荷斯坦犊牛瘤胃细菌区系的影响.农业生物技术学报，2010，18（1）：108 – 113.

［35］云强，刁其玉，屠焰，等.日粮中赖氨酸和蛋氨酸比对断奶犊牛生长性能和消化代谢的影响.中国农业科学，2011，44（1）：133 – 142.

［36］云强.蛋白水平及 Lys/Met 对断奶犊牛生长、消化代谢及瘤胃发育的影响.北京：中国农业科学院硕士学位论文，2010.

［37］张海涛，王加启，卜登攀，等.日粮中添加纳豆枯草芽孢杆菌对断奶前犊牛生长性能的影响.中国畜牧杂志，2011，47（3）：67 – 70.

［38］张海涛，王加启，卜登攀，等.日粮中添加纳豆枯草芽孢杆

菌对犊牛消化道发育的影响. 中国畜牧兽医, 2010, 37（1）: 5-9.

[39] 张蓉. 能量水平及来源对早期断奶犊牛消化代谢的影响研究. 北京: 中国农业科学院, 2008.

[40] 张卫兵. 蛋白能量比对不同生理阶段后备奶牛生长发育和营养物质消化的影响. 北京: 中国农业科学院硕士学位论文, 2009.

[41] 郑立, 邓红雨, 李晓翠, 等. 大豆黄酮对犊牛生长性能及免疫机能的影响 [J]. 中国奶牛, 2011（14）: 50-51

[42] Ahmed A F, Constable P D, and Misk N A. Effect of feeding frequency and route of administration on abomasal luminal pH in dairy calves fed milk replacer. J. Dairy Sci., 2002, 85: 1 502-1 508.

[43] Charlton S J. Calf rearing guide, practical and easy to use. Context Products Ltd., England, 2010.

[44] Edmonson A J, Lean I J, Weaver L D, et al. A body condition scoring chart for Holstein dairy cows. Journal Of Dairy Science, 1989, 72（1）: 68-78.

[45] Hulsen J, Swormink B K. From calf to heifer. Apractical guide for rearing young stock. ROODBONT Publishers, 2006.

[46] Krishnamoorthy U, Moran J. Rearing young ruminants on milk replacers and starter feeds. FAO Aniaml Production and Health Manual. FAO, 2011.

[47] Larson L L, Owen F G, Albright J L, et al. Guidelines toward more uniformity in measuring and reporting calf experimental data. J. Dairy Sci., 1977, 60: 989-991.

[48] Morrison S J, Dawson S, Carson A F. The effects of mannan oligosaccharide and Streptococcus faecium addition to milk replacer on calf health and performance. Livestock Science, 2010, 131: 292-296.

［49］ National Research Council. Nutrient requirement of dairy cattle, 6th rev. ed. Washington DC：National Academy Press. 1989.

［50］ National Research Council. Nutrient requirement of dairy cattle, 10th rev. ed. Washington DC：National Academy Press. 2001.

［51］ Oliveira R A, Narciso C D, Bisinotto R S, et al. Effects of feeding polyphenols from pomegranate extract on health, growth, nutrient digestion, and immunocompetence of calves. J. Dairy Sci., 2010, 93：4 280 - 4 291.

［52］ Quigley J D, Wolfe T A, Elsasser T H. Effects of Additional Milk Replacer Feeding on Calf Health, Growth, and Selected Blood Metabolites in Calves ［J］. Journal of Dairy Science. 2006, 89（1）：207 - 216.

［53］ Quigley J. Calf Note #115 - Abomasal pH and milk feeding ［EB/OL］. Calf Notes. com, 2006. http：//www. calfnotes. com/ CNliquid. htm.

［54］ Sun P, Wang J Q, Zhang H T. Effects of Bacillus subtilis natto on performance and immune function of preweaning calves ［J］. Journal of Dairy Science, 2010（93）：12, 5 851 - 5 855.

［55］ Terr'e M, Calvo M A, Adelantado C, et al. Effects of mannan oligosaccharides on performance and microorganism fecal counts of calves following an enhanced-growth feeding program. Animal Feed Science and Technology, 2007, 137：115 - 125.

［56］ Wayne Kellogg 教授（美国阿肯色大学）. 奶牛体况评分（BCS）的要点图解——无论从哪个角度看, 体况评分都是现代牧业的重要组成部分. 李亮, 译. http：//www. idairy. net/2012/11/17/（一）-奶牛体况评分（bcs）的要点图.

［57］ Woodford S T, Whetstone H D, Murphy M R, et al. Abomasal pH, nutrient digestibility, and growth of Holstein bull calves fed acidified milk replacer. J. Dairy Sci. 1987, 70：888 - 891.